KB199180

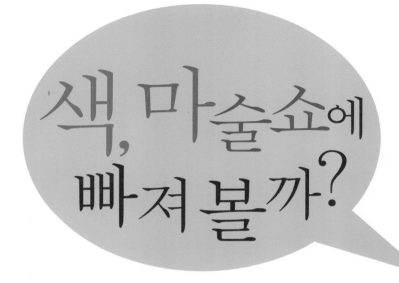

색, 마술쇼에 빠져 볼까?

김혜경 · 현종오 지음

해나무

눈을 좀 더
크게 떠봐

순식간에
색이 나타났어!

와~ 무슨 일이
생긴 거지?
믿어지지 않아

속임수 아니야?

색은 물체에서 쏟아져 나오는 불꽃이다.
우리 눈이 그것을 감지하는 것이다.

– 플라톤

빛이 곧 색이다.
어떤 색도 그대로 순수하게 보이는 것이
아니라 다른 색이나 빛,
그림자 때문에 변화된다.

– 아리스토텔레스

펑!

아무것도 없던 모자 속에서 토끼가 나오고 손에서 갑자기 꽃가루가 흩날리기도 한다.

마술은 재미있기도 하고 신기하기도 하지만 다 보고 나면 뭔가 좀 허전하다. 그 이유는 보며 즐긴 사건들의 원인을 모르기 때문이다. 인간은 호기심을 자극하는 마술을 만들기도 하고, 그것을 해결하기 위해 과학을 만들기도 했다. 마술과 과학은 극과 극처럼 보인다. 그러나 '극과 극은 통한다' 라는 말도 있지 않은가? 사실 중세 때는 과학이 마술처럼 사용되었다. 자신만이 아는 비법으로 만들어진 연금술은 과학 발전의 토대가 되었다. 이처럼 과학은 마술과 통하는 점이 있다. 마술처럼 재미있고 과학처럼 인과관계가 뚜렷한 책은 없을까?

이 책은 '색'이 주인공이 되어 자연에서 나타나는 빛깔과 색깔의 근원을 알아보는 것으로 시작한다. 온 세상은 색이 마술처럼 펼쳐져 있다. 스테인드글라스를 통과한 화려한 색의 빛줄기, 알록달록 형형색색의 동물과 식물들, 자연을 수놓는 색들은 시시각각 변하기까지 한다. 이런 색의 마술, 그 속을 들여다보자. 과연 무슨 비밀이 있어 색깔이 나타나고 이렇게 변하는 것일까? 그리고 인간은 그 자연의 색을 어떻게 인식하는 것일까?

인간은 역사를 거듭하면서 점차 자연의 색을 단순히 이용하는 데에서 발전하여 색을 만들어내기 시작한다. 저 옛날 원시시대, 붉은 흙으로 동굴에 벽화를 그리던 때부터 최첨단의 LCD, PDP, OLED까지 인간은 이제 캔버스, 옷감, 조형물, 건물, 첨단기기 등 모든 곳에 색의 마술을 펼치고 있다. 자연이 색의 마술을 펼치는 것이 아니라 인간이 색으로 마술쇼를 하는 것이다.

랄랄라 사이언스 시리즈는 과학을 본격적으로 알고 싶은 사람들이 과학의 첫걸음을 쉽게 뗄 수 있도록 도와주는 과학교양서이다. 그 첫 책인 『색, 마술쇼에 빠져 볼까?』는 색의 근원에 대한 인간의 의문을 알아보고, 그 해답을 통해 인간이 어떻게 색을 소유해 갔는지, 어떻게 색을 이용하고, 스스로 만들어내고, 창조해냈는지에 대한 보고서이다. 두 번째 책인 『색을 요리해 볼까?』에서는 하늘과 땅, 동물, 식물 등 자연의 색이 왜 나타나는지를 알아볼 것이다. 주변의 빛과 색은 익숙하지만, 그 원리에는 물리와 화학이 혼재되어 있어 쉽게 이해하기 어려운 게 사실이다. 하지만, 다만 이 책을 읽은 후 최소한 "사과는 원래 빨간색이라서 그런 거야" 라고 대답하지 않고 "색이라면 자신 있어" 하고 말하길 조심스레 바랄 뿐이다. 그리고 이 책이 나오기까지 같이 애써 주신 여러 분들께 감사드린다.

김혜경 · 현종오

CONTENTS

01 색을 말하다

색은 대체 어디에 숨어 있었던 것일까? 마치 마술사의 손길이 닿은 듯 모든 사물들은 빛을 만나면 제각각의 색을 드러낸다. 생기를 불어넣은 것처럼 말이다. 인간들은 사물 속에 깃들어 숨 쉬고 있는 색과 빛의 향연에 종종 넋을 잃을 수밖에 없다. 빛과 함께 세상을 물들이고는 빛과 함께 사그라지는 수수께끼와 같은 색! 그 색의 화려한 움직임은 탄성을 불러일으키는 마술쇼를 연상시키기에 충분하다. 자, 그럼 우리를 환상의 세계로 초대하는 색의 마술쇼를 마음껏 즐겨보자.

1. 색의 어머니, 빛

색은 빛이 있어야 춤을 춘다. 빛이 없으면 우리는 색을 말할 수 없다. 숨 막힐 듯이 아름다운 풍경일지라도, 우리의 눈을 사로잡는 빼어난 예술 작품일지라도 빛이 없으면 색을 볼 수 없다. 온데간데없이 사라진 색을 되찾으려면 빛이 필요하다. 빛과 색의 떼려야 뗄 수 없는 관계를 눈치챘는가? 그렇다면 색의 비밀을 푸는 실마리를 일단 잡은 셈이다.

빛이 없으면 색도 없다

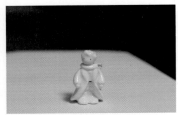
▲ 형광등 아래에서 보면 푸르고 차게 보인다.

▲ 백열등은 태양과 가까운 빛을 내므로 그 아래서 보면 원래의 색이 보인다.

높은 곳에서 일출을 본 적이 있는가. 어둠이 걷히고 동이 트면 세상은 윤곽을 드러내기 시작한다. 나무가 보이고, 건너편 산등성이가 보이고, 길도 보인다. 그런데 모든 풍경엔 색이 없다. 모노톤의 풍경에 푸르스름하게나마 색이 나타나려면 조금 더 시간이 흘러야 한다. 즉 충분한 빛이 생겨야 한다. 그리고 다시 밤이 되면 색은 사라져 버린다. 그러면 왜 색은 제멋대로 자취를 감추는 것일까?

색의 중요한 비밀이 바로 여기에 있다. 색은 곧 빛 속에 있다. 빛이 없으면 색도 없다. 어둠 속에서는 어떤 물체도 색을 갖지 못하는 것이다. 또한 빛이 다르면 색도 다르게 나타난다. 같은 물체를 찍은 왼쪽의 두 사진을 보자. 하나는 형광등 아래에서 찍고, 다른 하나는 백열등 아래에서 찍은 것이다. 분명히 같은 물체인데, 다르게 보인다. 형광등 아래에서 찍은 사진은 푸르스름하고 차가운 느낌을 주며, 백열등 아래에서 찍은 사진은 자연스럽고 따뜻한 느낌을 준다. 색이 빛의 영향을 받고 있는 것이다. 과연 빛은 색의 어머니이다.

▲ 프랑스 파리 라데팡스 광장에 있는 레이몽드 모레티 작품의 컬러풀한 32미터짜리 굴뚝 〈Cheminée d'aération〉.

빛에서 색을 발견하다

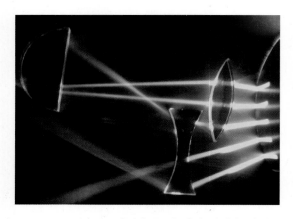

1666년 어느 날, 한 젊은이가 어두운 방에서 피라미드 모양의 유리 프리즘을 가지고 빛 놀이에 열중하고 있었다. 그는 모든 문과 창문을 닫아 빛을 완전히 차단한 뒤, 창문에 작은 구멍을 뚫어 얇은 빛 줄기를 만들었다. 그 빛 줄기에 프리즘을 대자 프리즘을 통과한 빛 줄기는 놀랍게도 맞은편 벽에 빨강, 주황, 노랑, 초록, 파랑, 남색, 보라 일곱 가지의 무지개 색깔을 만들어냈다. 정말 놀라운 장면이 아닌가?

삼각형으로 세공된 유리 프리즘이 빛을 분산시키는 특성을 지닌다는 사실은 그전에도 알려져 있었지만, 프리즘 실험을 통해 빛의 성질을 밝혀낸 것은 뉴턴이 처음이었다. 그때까지 사람들은 '색'은 햇빛이 변화를 일으킨 결과라고 믿고 있었다. 하지만 뉴턴은 실험을 통해 색은 이미 빛이 지니고 있는 것임을 주장했고, "모든 색은 순수하다"라고 말했다.

무지개가 일곱 색깔로 이루어져 있다는 이야기를 처음 한 것도 뉴턴이다. 뉴턴은 무지개의 색을 자신이 관찰한 대로 빨강, 주황, 노랑, 초록, 파랑, 남색, 보라(Red, Orange, Yellow, Green, Blue, Indigo, Violet)로 구분했고, 이 색의 이름을 쉽게 기억하려고 'Mr. ROY G BIV(미스터 로이 지 비브)'라고 명명했다.

또한 그는 프리즘을 이용하여 분산시켰던 빛을 모아 다시 흰색의 빛을 만들어냄으로써 색의 근원이 빛이라는 것을 증명했다. 이와 함께 뉴턴은 프리즘을 통해 빛을 무수한 색으로 분산시킨 후 한 가지 색을 없애고 나머지 색만 또 다른 프리즘을 통과시킬 경우 백색광을 얻지 못한다는 사실도 밝혔다. 대신 없어진 색의 보색이 나타난다.(32쪽 참조) 가령 빨간색을 없애면 청록색이 만들어지고, 파란색을 없애면 노란색이 만들어진다.

│ 지식이 쏙쏙 │ **아이작 뉴턴** _ Issac Newton, 1642~1727

뉴턴은 잉글랜드 동부 링컨셔의 울즈소프에서 태어났다. 1661년 케임브리지의 트리니티 칼리지에 입학해 수학자 배로의 지도를 받았으며, 케플러의 『굴절광학』, 데카르트의 『해석기하학』, 월리스의 『무한의 산수』 등을 탐독했다. 1664~1666년 페스트로 대학이 일시 폐쇄되어 고향으로 돌아온 뉴턴은 대부분의 시간을 사색과 실험으로 보냈는데 그가 이루어낸 위대한 업적의 대부분은 이때 시작되었다. 뉴턴은 1668년에 제작한 반사망원경이 천체관측 등에 크게 공헌한 것으로 인정되어 1672년 왕립협회회원으로 추천됐다. 그해에 『빛과 색의 신이론』이라는 연구서를 협회에 제출했는데, 그 연구서에서 뉴턴은 백색광이 일곱 가지 색의 복합이라는 사실, 단색이 존재한다는 사실, 생리적 색과 물리적 색의 구별, 색과 굴절률과의 관련 등을 논했다. 1675년에는 간섭 현상인 '뉴턴의 원무늬'를 발견했다. 빛의 성질에 관해 다룬 『광학』(1704)은 광학 발전에 크게 기여한 저서로 평가된다. 1687년에는 이론물리학의 기초를 세우고 뉴턴역학의 정초가 되는 대저서 『자연철학의 수학적 원리 Philosophiae naturalis principia mathematica』(프린키피아)를 출판했다.

◀ 뉴턴은 창의 구멍을 통해 들어오는 빛줄기를 프리즘에 통과시켜 빛을 연구했다.

내 색깔은 내가 만든다

▲ 발광색을 지닌 반딧불이

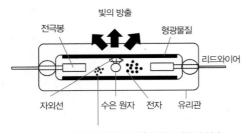

빛의 방출

전극봉   형광물질

리드와이어

자외선   수은 원자   전자   유리관

관에는 아르곤과 수은 증기로 가득 차 있다

▲ 형광등의 발광원리

우리 주변에는 스스로 빛을 내는 것들이 있다. 전등을 켰을 때 우리가 빛을 볼 수 있는 것은 전구가 스스로 빛을 만들어 내보내기 때문이다. 이것을 발광이라고 하며, 이렇게 만들어진 색을 '발광색'이라고 한다.

어둠을 밝히는 촛불은 노란색이고, 방 안의 형광등은 약간 푸르스름한 흰색이다. 크리스마스 트리의 전구나 밤거리를 수놓는 네온사인은 매우 다양한 색을 선보인다. 반딧불이나 해파리 같은 동물은 특유의 색을 띠는 빛을 발한다. 모두 발광색이다. 반딧불이는 몸 안에 지니고 있는 '루시페린'이라는 물질이 산소와 반응하게 되면 빛을 발하게 된다. 일종의 화학 반응을 통해 에너지가 빛으로 방출되는 것이다.

형광등의 발광은 보다 복잡한 과정을 거친다. 형광등은 전압을 걸었을 때 전구에서 튀어나온 고속의 전자가 유리관 속의 수은 원자와 충돌하고, 이 수은 원자가 자외선을 방출하면 형광등 내벽에 칠해진 형광도료 속의 전자가 이를 흡수, 이후에 가시광선을 방출해서 발광하게 된다. 이렇게 빛을 내는 물체나 장치를 '광원'이라고 한다. 너무도 흔하여 인식하지 못하지만 그 어느 것보다 중요하고 훌륭한 광원은 태양이다. 태양으로부터 복사되어 나오는 햇빛은 이 땅의 모든 생명에게 빛과 열을 공급한다. 지구상에 존재하는 모든 색의 원천은 바로 태양의 빛에너지인 것이다.

해파리는 특유의 발광색을 가지고 있다. ▶

지식 사이언스 카드

보이지 않는 빛, 전자기파

우리는 영화에서 종종 등장 인물들이 캄캄한 어둠 속에서 적외선 감지기로 움직이는 물체를 바라보는 것을 보곤 한다. 말 그대로 적외선 감지기는 인간의 시력으로 볼 수 없는 적외선을 보게 해주는 기계이다.

적외선은 빛의 한 종류이다. 빛은 전자기파로, 이것은 파장에 따라서 X선, 자외선, 가시광선, 적외선, 원적외선 등으로 나뉜다. 전자기파 중에서 사람의 눈에 감지되는 것이 가시광선이며, 사람이 감지하지 못하는 전자기파는 자외선과 적외선이다. 여기서 보이느냐 보이지 않느냐는 사람을 기준으로 한 것이다. 어떤 나비는 꽃을 찾아갈 때 사람의 눈에 보이지 않는 자외선 무늬를 보고 찾아간다고 한다.

▲ 적외선 감지기는 인간의 시력으로는 볼 수 없는 적외선을 보여 준다.

적외선 카메라는 사람이 감지할 수 없는 적외선을 감지하여 그 영상을 보여준다. 물론 이것은 사람에게서 적외선이 나오기 때문에 가능하다. 적외선은 빨간색 빛보다 에너지가 작은 빛이다. 안과에 가면 눈에 안약을 넣어 준 다음 빨간등 앞에서 눈을 감고 쪼이게 하는데, 그것이 적외선 치료이다. 빛은 볼 수 없지만 따뜻한 열기를 느낄 수 있다.

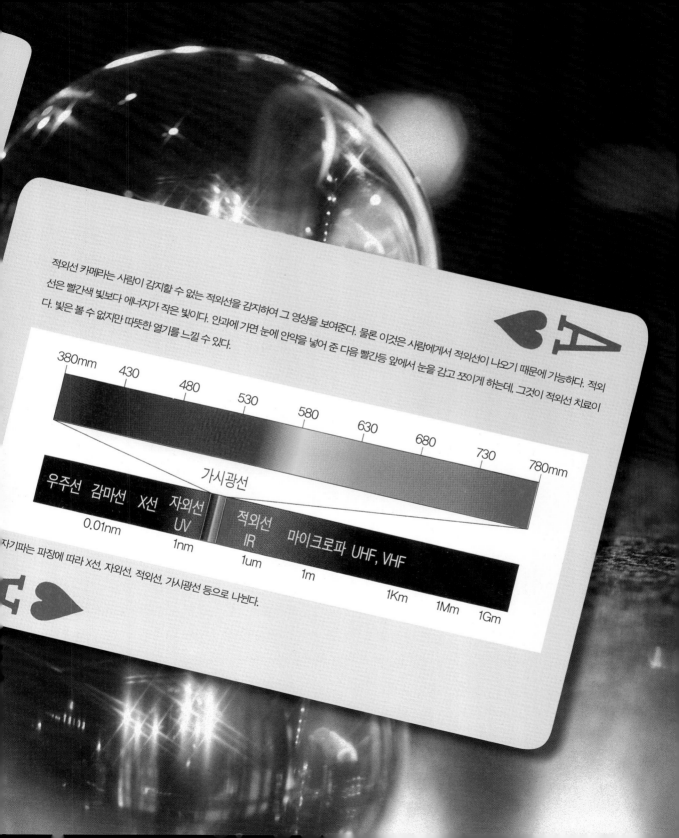

| 380mm | 430 | 480 | 530 | 580 | 630 | 680 | 730 | 780mm |

가시광선

| 우주선 | 감마선 | X선 | 자외선 UV | 적외선 IR | 마이크로파 UHF, VHF |
| 0.01nm | | | 1nm | 1um | 1m |

자기파는 파장에 따라 X선, 자외선, 적외선, 가시광선 등으로 나뉜다.

1Km   1Mm   1Gm

2. 빨간 사과 속엔 빨간빛이 없다

빨간 사과는 왜 빨간색일까? 빨간 사과에서 빨간빛이 나오기 때문일까, 아니면 반사된 빛이 빨갛기 때문일까? '색'이라는 비밀스러운 현상에 대한 인류의 탐구는 아주 오래전부터 시작되었다. 플라톤은 색을 '모든 물체에서 쏟아져 나오는 불꽃'이라 생각하기도 했다. 그러나 플라톤의 이런 생각은 후대의 과학자들이 알아낸 것과는 상당히 달랐다. 그럼, 이제 색이 어떻게 설명되는지, 색과 빛은 어떤 상관관계가 있는지 등을 알아보자.

뭔가 다른 녀석이 있다

뉴턴은 햇빛이 여러 색깔의 빛으로 이루어져 있다는 것을 알게 된 다음, 우주에 있는 모든 색이 빛으로 이루어져 있다고 주장했다. 그의 주장대로라면 사과가 빨갛게 보이는 것은 사과가 빨간색 빛을 내고 있기 때문인 것이다. 과연 그럴까?

밤거리에 자동차를 타고 가다가 표지판이 잘 안 보이면 운전자는 상향 전조등을 비춰 표지판을 읽는다. 전조등을 비추면 표지판에 글자가 나타나지만, 전조등을 끄면 글자는 바로 사라진다. 이 글자들은 스스로 빛을 내는 것이 아니라는 것을 알 수 있다. 뭔가 수상쩍다. '발광'과 전혀 다른 원리로 색을 내는 녀석들이 있는 것이다.

실험으로 확인해 보자. 커튼을 치고 불을 꺼서 방을 깜깜한 암실로 만들자. 방바닥에 빨간색과 파란색 종이를 놓고 불을 꺼 보자. 빨간색이 보이는가? 깜깜한 방에서는 종이가 빨간색인지 까만색인지 알 수가 없다. 이제 플래시를 이용해서 강한 빛을 빨간 종이에 비춰 보자. 방안이 빨갛게 될 것이다. 방 안에 있는 다른 물건도 빨갛게 보일 것이다. 마치 빨간 등을 켜놓은 것처럼 말이다. 이번에는 파란색 종이를 놓고 비춰보자. 방 전체가 파랗게 보일 것이다. 왜 그럴까? 그 이유는 색종이가 빛을 반사하기 때문이다. 이렇게 빛을 반사하여 나타내는 색을 '반사색'이라고 한다.

▲ 여름에 사람들은 빛을 반사하는 흰색 옷을 선호한다. (위)
야구 선수들은 눈부시지 않게 눈 밑에 검은 물감을 칠하곤 한다. (아래)

스스로 빛을 내지 않는 물체가 색을 나타내려면 외부의 빛이 필요하다. 그런데 색종이에서 반사된 빛은 자신에게 비추는 빛과 같지 않으므로 일부만 반사한다는 것을 알 수 있다. 만일 빛을 모두 반사했다면 흰색으로 보였을 것이다. 외부의 빛을 받아 일부는 흡수하고 일부는 다시 반사하는데, 이때 반사하는 빛의 색이 우리가 보는 물체의 색인 것이다. 즉 잘 익은 빨간 사과는 햇빛의 빨간색 파장만을 반사하고 나머지 파장은 모두 흡수하는 성질을 가지고 있는 것이다.

흰색은 거의 모든 빛을 반사한다. 더운 여름날 흰 옷을 입는 것은 흰색이 모든 빛을 반사해서 더위를 피할 수 있게 하기 때문이다. 반면, 검은색은 거의 모든 빛을 흡수한다. 야구선수들이 눈 밑에 검은 물감을 칠하는 것은 눈 밑에서 빛이 반사하는 것을 막아 눈이 부시지 않도록 하기 위해서이다.

나머지 색들은 어디로 갔을까?

이제 우리는 사과가 왜 빨간색인지 말할 수 있다. 그렇다면 사과가 흡수한 다른 색 빛은 어디로 갔을까?

물질은 분자로 이루어져 있다. 분자는 원자로 구성되어 있으며, 원자는 핵과 그 주변에 구름처럼 모여 있는 전자로 이루어져 있다. 이 물질에 빛을 비추면 이 전자들은 재배열을 한다. 낮은 에너지 상태에 있는 전자들이 빛을 흡수하여 높은 에너지 상태로 옮겨지는 것이다. 흡수된 빛 에너지에 의해 물질의 온도가 올라가거나 분자 운동을 더 활발하게 하는 것이다. 물질의 대부분은 곧 원래의 자리로 돌아가며 빛을 방출하는데, 우리는 그 방출된 빛을 그 물체의 '색'으로 인식한다.

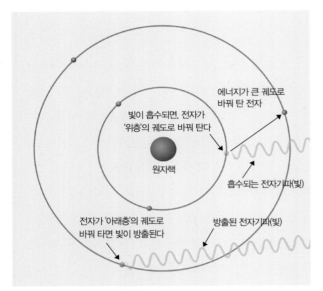

▲ 전자가 움직이면 빛이 방출된다.

햇빛을 받아 빨갛게 익은 사과를 생각해 보자. 사과는 빛을 받아 일부 파장의 빛은 흡수하고 일부 파장의 빛은 사용하지 않고 다시 내보낸다. 이 빛이 빨간색인 것이다. 우리는 다시 내보내진 빨간색 빛을 보고 '사과가 빨갛게 잘 익었네' 라고 생각한다. 그런데 이 빨간 사과는 며칠 전만 해도 초록색이었다. 그때는 사과가 흡수하는 빛이 달랐으며 내보내는 색은 초록색이었다.

빛이여, 통하였느냐!

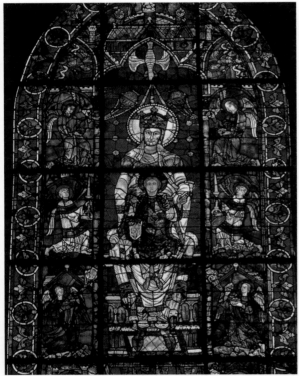

▲ 성당 등에서 쉽게 볼 수 있는 스테인드글라스는 빛의 투과원리를 활용한 예술이다.

오래된 성당을 가보면 창이 온통 색유리인 스테인드글라스를 볼 수 있다.

색유리를 통해 들어오는 빛은 여러 가지 색이어서 성당 안은 매우 멋진 장면을 연출해 낸다. 여러 가지 색깔의 셀로판지를 유리창에 빠짐없이 붙이면 색유리라는 투명한 물질은 빛을 반사시키지 않고 통과시키기 때문이다. 이를 '투과'라고 하는데, 집에서도 이런 창문을 만들 수 있다. 붉은 포도주가 담긴 유리잔을 통해 건너편을 보면 건너편의 물체나 풍경이 다 붉은색으로 보이고 파란색 안경을 끼면 온 세상이 다 파란색으로 보이는 것 또한 모두 빛의 투과 때문이다.

백열전구를 빨간색 셀로판지로 장식해 놓으면 온 방 안이 빨간색이 되고, 노란색으로 장식하면 노란색이 되는 것도 마찬가지이다. 빨갛거나 노랗게 보인다는 것은 그 색의 빛이 나온다는 의미이다.

투명하면서도 붉은 물질은 빛이 들어오면 붉은 빛만 투과시키고 나머지 빛은 흡수한다. 그래서 적포도주를 통해 본 건너편은 모두 붉게 보인다. 또 파란색 유리나 셀로판지는 파란색만 투과된다. 반면 소주나 물은 모든 빛을 다 통과시키므로 무색으로 보인다.

우리가 보는 모든 색은 다음과 같은 세 가지 원리에 의해 만들어진다. 태양이나 전등, 반딧불이처럼 **빛을 직접 내는 경우**, 꽃이나 우체통처럼 다른 물체에서 낸 빛을 받아 특정 색깔만 **반사**하는 경우, 와인이나 셀로판지처럼 다른 물체에서 낸 빛을 일정한 색깔만 **투과**시키는 경우이다. 그렇지만 자연계에서 직접 빛을 내는 경우는 많지 않다. 대부분은 햇빛을 반사하거나 투과하는 경우이다. 결국 색의 근원은 태양이라 할 수 있다.

▲ 빛의 반사를 통해 우리는 아름다운 꽃의 색을 감상할 수 있다. (왼쪽)

▲ 잔 속의 붉은 와인색은 붉은색의 빛만 통과되어 나타난 색이다. (오른쪽)

3. 색은 인간들의 것이다

"색은 빛의 고통이다." 세상의 아름다움을 빛의 고통으로 표현한 독일의 대문호 괴테, 그는 책을 저술할 정도로 빛과 색에 대한 관심이 컸다. 괴테의 색채론은 현대 물리학적인 설명과는 잘 맞지 않지만, 색을 인간의 감각적 경험과 연결 지어 설명한 부분은 여전히 의미 있는 주장으로 여겨지고 있다. 괴테가 자연과 예술 작품 속에서 색을 어떻게 바라보았는지, 그 궤적을 따라가 보자.

인간적인, 너무도 인간적인 색

『젊은 베르테르의 슬픔』으로 유명한 독일 최고의 문호 괴테. 우리는 그가 쓴 「기쁨」이라는 시에서 색채에 대한 괴테의 날카로운 관찰을 엿볼 수 있다.

괴테가 색채 연구자였던 사실은 잘 알려져 있지 않지만, 그는 일생에 걸쳐 정열적으로 색을 연구했다. 괴테는 긴 유럽 여행을 하면서 색에 대한 영감을 얻었다고 한다. 특히 괴테는 이탈리아 르네상스 화가들의 다채로운 작품들에 나타난 빛의 이미지, 그리고 알프스에서 본 얼음 수정의 장관에 매료되었다. 1786년 이탈리아에서 돌아오자마자 이십 년간을 빛과 색에 대한 연구에 몰두했고, 연구한 내용을 바탕으로 『색채론』3부작을 남겼다.

◀ 괴테의 저서 『색채론』 중 일부. 자신의 실험을 그림으로 나타내고, 여러 색깔 사이의 관계를 보여주는 색환(color circle)을 그렸다. 맨 아래 그림은 날씨에 따라 달라 보이는 숲의 색깔을 보여주는 것이다.

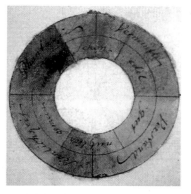

▲ 괴테의 색환

『색채론』에서 괴테는 100년 전 뉴턴이 발표한 '물리학적 색채론'에 반론을 제기하고 있다. 뉴턴은 빛이 각기 다른 파장의 여러 가지 색의 광선으로 구성되어 있으며, 흰 빛은 모든 색상이 합해져서 된 것이라고 지적한 바 있다. 하지만 괴테는 오히려 흰 빛은 빛의 가장 순수한 형태이며 색은 물리적 특성이 아니라 인간의 감각 문제라고 확신했다. 괴테는 실험을 통해서 자신의 주장을 증명하려고도 했다.

그는 어느날 해질녘에 태양과 촛불에 의해 생기는 그림자의 색이 다르다는 것을 확인했다.

그는 촛불 아래에서 주황색과 파랑색의 그림자가 나타나는 것을 보고는 이런 결론을 내렸다. "색은 인간의 것이다. 물질의 특성이 아니라, 인간이 어떻게 인식하느냐에 따라 달라지는 것이다."

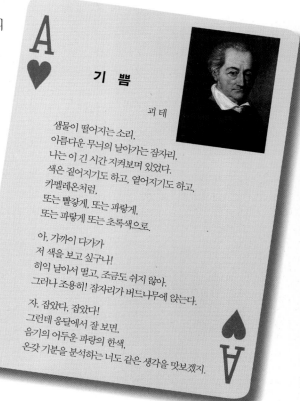

A ♥

기 쁨

괴 테

샘물이 떨어지는 소리,
아름다운 무늬의 날아가는 잠자리.
나는 이 긴 시간 지켜보며 있었다.
색은 짙어지기도 하고, 옅어지기도 하고,
카멜레온처럼,
또는 빨갛게, 또는 파랗게,
또는 파랗게 또는 초록색으로.

아, 가까이 다가가
저 색을 보고 싶구나!
히익 날아서 떨고, 조금도 쉬지 않아.
그러나 조용히! 잠자리가 버드나무에 앉는다.

자, 잡았다, 잡았다!
그런데 응달에서 잘 보면,
음기의 어두운 파랑의 한색,
온갖 기분을 분석하는 너도 같은 생각을 맛보겠지.

A ♠

K
♠

괴테 색깔 따라잡기

초저녁 해질 무렵 어둑어둑해질 때, 실내 창가에 아래와 같이 양초와 연필을 세워보자. 짧은 양초 한 자루에 불을 붙여 하얀 종이 위에 놓고, 촛불과 태양 사이에 연필 한 자루를 세워 연필의 그림자를 만든다. 이때 그림자의 색은 무슨 색으로 나올까?

실험 방법

1. 시간 : 겨울이라면 오후 5시, 여름이라면 저녁 6시가 적당하다.
2. 장소 : 창가
3. 준비물 : 길이 10cm 이하의 양초, 양초보다 더 짧은 연필, 흰 종이
4. 창가에 흰 종이를 깔고, 양초에 불을 붙여, 촛농을 떨어뜨려 연필을 세운다.
5. 양초 – 연필 – 창문의 순서가 되도록 양초를 세운다.
6. 실내조명을 끄고, 연필 주변에 생기는 그림자를 본다.

실험결과

태양 빛에 의해 생기는 그림자는 주황색으로 보이고, 촛불에 의한 그림자는 파란색으로 보일 것이다.

이유

태양   촛불

촛불의 빛은 노르스름하다. 흰 종이는 모든 빛을 반사하므로 촛불의 빛을 받으면 흰 종이도 노르스름하게 보인다. 흰 종이 위에 그림자는 검게 나타나야 하지만, 주변의 색이 노르스름하므로 그림자는 그 보색인 파란색으로 보이는 것이다. 태양광에 의한 그림자는 일단 태양 빛이 약해서 그림자도 약한 데다 촛불의 빛을 받으므로 주황색으로 보인다.

빛을 만지는 인간의 눈

인간의 눈은 바깥세상을 구별하는 더듬이와 같다. 즉 눈으로 빛을 만지는 것이다. 그러면 어떻게 보는 것일까?

먼저 눈의 구조를 살펴보자. 눈을 둘러싸고 있는 망막에는 간상세포와 원추세포가 있다. 간상세포는 명암을 구분하고 원추세포는 색을 구분한다. 빛의 양이 부족하면 원추세포는 반응하지 못하므로 색을 구분할 수 없게 된다.

원추세포는 적색(Low), 녹색(Medium), 청색(Short) 빛에 각각 민감하게 반응하는 세 가지 세포로 구성되어 있다. 대개 이 세 가지 세포는 6:3:1의 비율로 존재한다. 따라서 인간이 가장 민감하게 반응하는 색은 빨간색이다. 망막에 빛이 닿으면 원추세포가 이 여러 가지 파장의 빛을 조합하여 시신경을 통해 대뇌에 신호를 보내고, 인간은 '무슨 무슨 색이구나!' 하고 판단하게 되는 것이다. 따라서 자연의 색과 모니터에서 나오는 빛이 스펙트럼은 달라도 우리 눈에는 같은 색으로 인식된다.

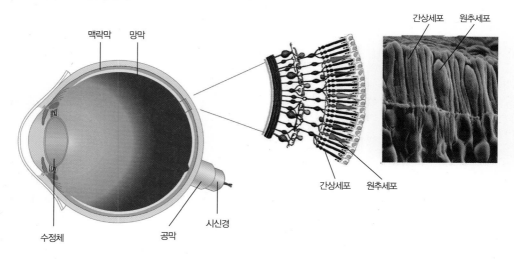

▲인간의 시각구조

왜 하필 삼원색일까?

유전학자의 연구에 의하면, 인류의 진화 초기에는 두 종류의 원추세포가 있었지만, 약 사천만 년 전에 현재와 같은 세 종류의 원추세포로 분화하였다고 추정된다. 현재의 인류인 호모사피엔스 종이 지상에 출현한 것이 이백만 년 전이므로 이미 인류 초기부터 현재와 같이 세상을 보았다고 볼 수 있다.

그런데 인간의 시각이 유독 빨강, 초록, 파랑, 이 세 가지 채널로 진화된 이유는 무엇일까? 그 비밀은 태양의 빛깔과 인간의 생존 본능에 숨어 있다. 지구는 사십여 억 년 동안 태양이 주는 빛으로 그 삶을 지탱하고 있다. 태양빛을 이용하여 물체를 감지하고 빛에 의해 생기는 물체의 색을 식별하는 능력은 지구의 생명체들에게 매우 중요한 생존 요건이 되었다.

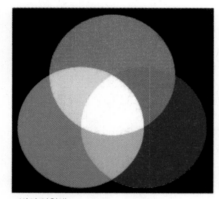

▲ 빛의 삼원색
빨간색, 파란색, 초록색 빛의 밝기를 바꿔서 다양하게 조합시키면, 원리적으로 모든 색을 만들 수 있다.

머리 위로 쏟아지는 한낮의 빛, 새벽의 푸르스름한 여명, 저녁 하늘을 물들이는 붉은 노을…. 이렇게 자연 조명이 시시각각 변하니, 생명체에게 보이는 색도 시시각각 변할 수밖에 없다. 하지만 먹이를 사냥하고, 맹수를 피하려면 어떤 물체의 색이 변한다 해도 동일한 물체로 인식하는 능력이 필요하다. 우선 한낮의 파란색 하늘 빛 아래서 다른 물체의 색을 식별하려면 파란색

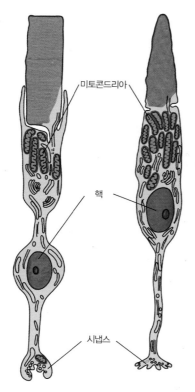

미토콘드리아

핵

시냅스

▲ 간상세포는 명암을 구분하고 (왼쪽), 세 가지의 원추세포는 빨강, 초록, 파랑을 구분한다. (오른쪽)

을 제외한 부분에 민감해야 했다. 가시광선 영역에서 파란색을 제외한 영역 중 제일 중앙의 색은 노란색이다. 따라서 인류의 시각은 청색과 황색의 대비에 민감하게 발달했다. 또, 저녁 무렵 붉은색 노을 속에서 물체를 구분하려면 붉은색을 제외한 색에 민감해야 하는데, 붉은색을 뺀 가시광선 영역에서 가장 중심에 있는 것이 녹색이므로 빨간색과 초록색의 대비에 민감하게 발달한 것이다.

이와 같이 인류의 시각은 태양의 고도에 따른 변화를 가장 민감하게 분별해 낼 수 있도록 진화했다. 자연의 가장 큰 대비 즉 밝고 어두움(낮과 밤), 파랑과 노랑(대낮의 하늘의 색), 빨강과 초록(저녁 노을의 색)에 맞춰 시각이 변화하여 망막 안에서 처리하여 대뇌로 보내도록 진화한 것이다. 현재 인류는 명암을 구분하는 간상세포와 빨강, 초록, 파랑을 구분하는 세 가지의 원추세포를 망막에 가지고 있다. 그리고 가장 잘 인식되는 빨강, 초록, 파랑이 빛의 삼원색으로 정해진 것이다.

02 숨겨진 색을 찾아라

1 인간, 색을 만들다 / **2** 염료, 세상을 물들이다 / **3** 안료, 예술에 빠지다

우리가 살고 있는 세계는 색이 숨겨진 마술의 정원이 아닐까? 마음속으로 '셋'을 센 다음 눈을 떴을 때 무채색의 그림이 화려한 색상의 그림으로 바뀌듯, 숨겨져 있던 많은 색들이 어느날 갑자기 발견되거나 만들어져 세상을 물들였다. 인류가 색을 만들 수 없었다면 세상은 얼마나 무미건조했을까? 자, 그럼 지금부터 색을 얻고자 하는 인류의 노력과 색이 발견된 우연의 순간들을 살짝 엿보기로 하자.

1. 인간, 색을 만들다

푸른 하늘, 녹음이 드리워진 숲 속, 알록달록한 꽃들…… 자연은 늘 화려함을 뽐낸다. 이런 자연의 풍요로운 색과 비교해 본다면, 인류 초기 인간이 만든 세상은 초라하기 그지없었다. 자연에 비한다면 인간의 세상은 하얀 '백지'에 불과했다. 그러나 인간의 표현하고자 하는 욕구와 미에 대한 갈망은 인간이 그곳에 머무르지 않고 자연 속에서 색을 찾도록 이끌었다. 동물에게서, 식물에게서, 심지어 길가의 흙이나 동굴의 암석 속에서도 인간은 색을 얻기 위해 지혜를 모았다.

동굴에서 발견된 색

▲ 프랑스 라스코 동굴 벽화의 일부분.

1868년 에스파냐 북부 알타미라에서 한 사냥꾼이 심상치 않은 동굴을 발견하고, 즉시 지주인 사우투올라(Marcellino de Sautuola)에게 알렸다. 귀족 사우투올라는 고고학에 관심이 많은 지주였다.

동굴이 발견된 지 11년이 지난 어느 날, 그와 동굴에 같이 간 여덟 살짜리 딸 마리아가 외쳤다. "아빠, 저기 황소!" 깜짝 놀란 사우투올라는 딸이 가리키는 천정을 올려다 보았다. 그들 머리 위에는 거대한 들소들이 있었다. 호모 사피엔스들이 동굴에서 불을 쬐면서 그린, 무려 만 오천 년 동안 잠들어 있던 그림이 드러난 것이다. 그림들은 목탄으로 윤곽선을 그리고, 붉은색, 노란색 흙으로 색칠되어 있었다. 길이가 2미터가 넘는 들소 십여 마리와 사슴 세 마리, 그리고 멧돼지들이 꿈틀거리고 있었다.

당시 사람들은 고대인의 그림이라는 사우투올라의 말을 믿을 수 없었다. 고대 야만인들이 그렇게 아름다운 그림을 그렸을 리 없다고 생각했던 것이다.

이 동굴 벽화의 역사적 가치가 인정되기까지는 그로부터 이십여 년이 더 흘러야 했다. 다윈의 『종의 기원』(1859)에 대한 공감대가 학계에 형성되고, 사람들이 진화론을 받아들이고서야 비로소 인정된 것이다.

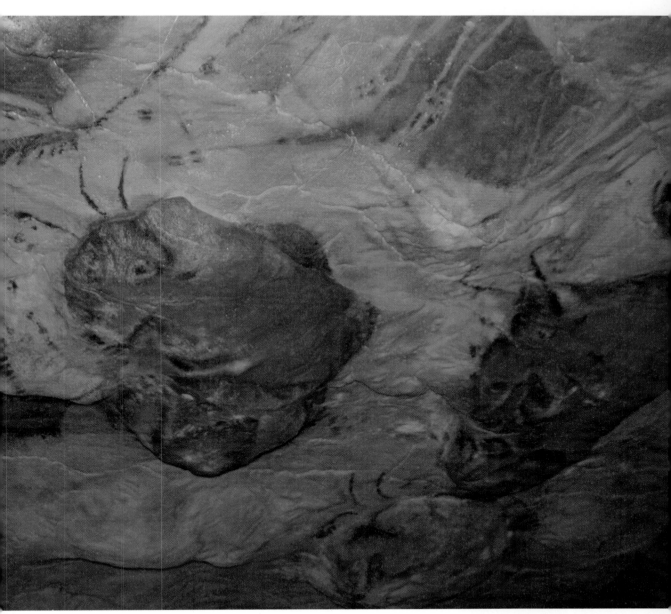

▲ 에스파냐 알타미라 동굴 벽화의 일부분.

색, 부와 권력을 쥐다

고대 사람들은 처음에는 흙이나 나무를 태운 재와 숯을 가지고 그림을 그렸다. 검은색, 회색, 노란색, 갈색, 흰색들이 그것들이다. 그후로 세월이 지나면서 인간은 자연 속에서 다양한 색을 찾았다. 바닷조개 내장기관(생식선)에서 자주색을, 선인장에서 기생하는 벌레(암컷)에서 선명한 빨간색을, 희귀한 파란 돌(청금석)에서 진한 파랑인 울트라마린을 얻었다. 또 몇 년에 한 번 피는 꽃의 암술만을 모아서 노란색을 얻었다.

▲ 프라 안젤리코, 〈수태고지〉, 1430년경

사정이 이렇다 보니 옛날에 색은 자연히 부와 권력을 가진 사람들의 것이었다. 오로지 자연에서만 색을 구해야 했던 고대와 중세에 색은 곧 재산과 권위를 상징했다. 여러 색깔 중에서도 구하기가 어려운 색은 더 높은 권위를 나타냈다. 화려한 자주색이나 진한 녹색, 파란색으로 물들인 옷감은 왕이나 교황만이 누릴 수 있는 사치였다.

옛 그림들을 보면, 마리아나 예수는 파란색이나 붉은색 망토를 걸치고 나오는 것이 많다. 삼위일체를 그릴 때는 성부(the Father)는 가장 귀한 붉은 자주색 옷으로, 성자(the Jesus)는 파란색 옷으로 그리고 성령(Holy Spirit)은 파란색이 적게 들어가는 옷으로 그려 위계를 나타내기도 했다.

조반니 벨리니, 〈성모〉, 1491년경 ▶

삼위일체와 마리아를 같이 그린 그림에서는 성부는 붉은 자주색, 성자는 빛나는 빨강색, 마리아는 파란색, 그리고 성령은 녹색으로 표현했다. 특히 붉은 자주색은 매우 귀해서 교황 예복에 사용되었고 이같은 전통은 현재까지 이어지고 있다.

다양한 색의 옷을 입을 수 있는 사람은 한정되었을 뿐만 아니라, 색을 가진 물질은 매우 비싼 상품이었다. 화가 중에서도 유명한 사람만이 선명하고 오래가는 물감을 쓸 수 있었다. 식민지를 통해 이런 물질을 싸게 구입해 비싸게 팔았던 영국은 이 과정에서 막대한 부를 쌓기도 했다.

그러나 시간이 지나 1800년대에 들어서 합성 염료가 만들어짐에 따라, 가난한 화가나 서민들도 빨강, 파랑, 초록, 자주, 노랑과 같은 선명한 색들을 사용할 수 있게 되었다. 특히 프랑스, 영국에 비해 가난했던 독일은 새로운 색을 많이 합성해서 화학 수준이 크게 발전했고, 이로 인해 재력과 과학기술을 갖춘 나라로 발전하게 되었다.

라파엘로, 〈교황 레오 10세와 두 추기경〉, 1518~1519 ▶

빛을 그린 모네

1800년대 이전에 사람들은 색을, 밀도나 끓는점처럼 물질이 가지는 고유한 특성이라고 생각했다. 그래서 레몬의 노란색은 레몬 고유의 특성이고, 오렌지의 오렌지색은 오렌지 고유의 특성이므로 '항상 그렇게 보이는 것'이라고 했다. 하지만, 프랑스 인상주의 화가 모네(Claude Monet, 1840~1926)는 색이 항상 고유한 색상으로만 보인다는 생각에 반기를 들었다. 특히 1890년 모네는 이런 생각을 바꾸어 놓았다.

▲ 모네, 〈Haystack, Snow Effects, Morning〉, 1891

▲ 모네, 〈Haystack in Overcast Weather, Snow Effects〉, 1890~1891

▲ 모네, 〈Haystack in the Snow, Overcast Day〉, 1891

▲ 모네, 〈Haystack, Thaw, Sunset〉, 1890~1891

모네는 이전의 전통적인 화법과는 달리 야외에서 그림을 그렸다. 그는 같은 건초더미를 서로 다른 시간에 그리는 시도를 했다. 새벽에 일어나 먼저 첫 번째 캔버스에 그림을 그렸다. 캔버스를 모두 채우는 데 약 한 시간 반 정도가 소요되었고, 그 즈음에는 햇빛의 방향과 양이 달라져 있었다. 그러면 모네는 두 번째 캔버스로 옮겨 같은 그림을 다시 그렸다. 매일매일 모네는 이 작업을 했다. 매번 비춰지는 빛이 달라지므로 당연히 각 그림마다 건초더미의 색이 달랐다. 건초더미의 색은 그것이 흡수하는 색에 따라 달라진다. 우리가 보는 색은 건초더미가 흡수하지 않고 다시 반사하는 색이다. 모네는 야외에서 같은 장면을 다른 시간에 그려 인간이 바라보는 세상의 색이 빛에 의해 좌우된다는 사실을 알렸다. 즉 색보다 우위에 있는 빛을 그림에서 가장 중요하게 생각한 것이다.

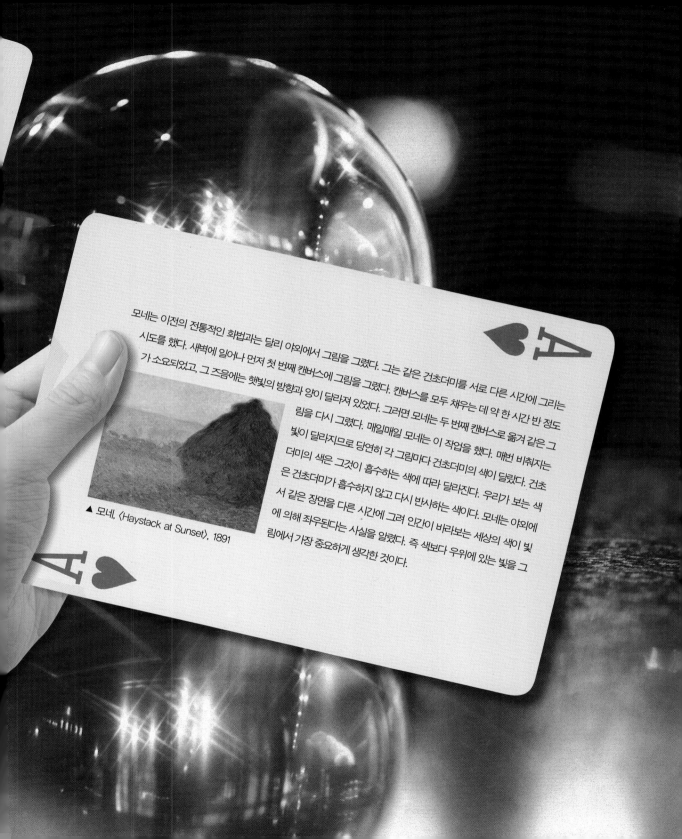

▲ 모네, 〈Haystack at Sunset〉, 1891

2. 염료, 세상을 물들이다

무채색의 옷들만을 입어야 하는 가상 도시를 상상해 보자. 너무도 단조롭고 무미건조해서 하품이 나지 않는가? 하루가 지나고 이틀이 지나면 분홍색 원피스와 빨간 구두, 푸른 재킷과 청바지, 아이들의 노란 원피스, 초록색 의자 등등이 너무도 그리워지지 않을까? 지금이야 가지각색의 옷들을 누구라도 접할 수 있게 되었지만, 색을 만드는 것이 어렵던 시절에 색은 권력이자, 부를 나타내는 상징이었다.

염색, 옷감을 화장하다

요즈음 옷차림을 보면 매우 다채롭고 현란하다. 종이나 포장지 역시 다양하고 멋진 것들이 많다. 이런 색들은 과연 어떻게 만들어지는 것일까?

하얀 천이나 종이가 아름다운 색으로 변신하는 것은 염색 때문이다. 이때 사용하는 물질이 염료이다. 염료란, 용매(보통 물)에 녹아서 용액의 형태로 특정한 재료(섬유, 종이, 가죽, 플라스틱 등)의 내부에 들어가거나 표면에 붙어 색을 내는 가용성 착색 물질이다. 염료는 주로 유기물질들이며, 섬유와 염료 분자 사이에는 강한 화학 결합이 이뤄진다. 즉, 수소 결합이나 약한 분자 상호간의 힘, 또는 강한 이온 결합이나 공유 결합으로 이어지는 것이다. 염료가 섬유와 잘 결합해서 세탁해도 지워지지 않고, 햇빛에 바래지도 않게 되려면 여러 가지 기술이 필요하기 때문에 염색 기술은 한때 국가 기밀이기도 했다.

그러면 염료는 언제부터 사용하기 시작했을까? 자연에서 채취한 천연염료는 사천 년 이전부터 세계 어디에서나 사용한 흔적을 찾을 수 있다. 그러나 염료를 쉽게 사용하게 된 것은 천연염료 대신 대량으로 값싸게 염료를 합성할 수 있게 된 20세기에 이르러서야 겨우 이루어졌다.

자연에서 색을 찾아내다

염료는 크게 천연염료와 화학염료로 나뉘고, 천연염료는 다시 식물성, 동물성, 광물성으로 나눈다. 천연염료 중 가장 많이 사용되는 것은 식물성 염료로, 현재 약 이천여 종 이상이 알려져 있다. 우리나라에서 사용되는 천연염료도 대부분이 식물성으로 약 오십여 종이며, 염색법이나 섬유에 착색시키는 매염제에 따라 백여 가지의 다양한 색상을 만들어 낸다. 이런 천연염료는 색소를 추출하거나 염색을 할 때 많은 시간과 노동력이 필요하고, 같은 염료라도 염료 원료의 산지나 채취시기, 보관 상태에 따라 색이 달라진다.

```
천연염료 ┬ 식물성 ┬ 단색성 염료 ┬ 건염
        │       ├ 변이성 염료 ├ 염기성 염료
        │       └ 다색성 염료 └ 화염계 염료
        │
        ├ 광물성
        └ 동물성
화학염료
```

▲ 염료의 종류

홍화

▲ 치자

▲ 울금

천연염료는 한 가지 색만 만드는 '단색성 염료'와 그 외에 물질 성분에 따라 색이 다른 '변이성 염료'가 있다. '단색성 염료'의 대부분은 섬유를 바로 염료에 담궈 직접 염색하는 것이 많은데, 이런 것을 '직접성 염료'라고도 한다. 치자, 울금, 황백, 홍화(황색 색소)는 염료에 바로 섬유를 담궈 염색하는 직접성 염료이다. 이런 염료는 식물의 꽃, 잎, 뿌리, 나무껍질, 열매를 잘게 다듬어 끓이면 바로 염료가 된다.

치자

울금

홍화

▲ 황련

변이성 염료는 다른 물질과 섞어 염색하는 것으로, 그 성분에 따라 인돌을 지닌 '건염', 베르베린이 있는 '염기성 염료', 안토시안과 클로로필이 있는 '화염계 염료'로 나뉜다. 먼저 건염으로는 쪽의 일종인, 요람, 인도람, 숭람, 대청, 유구람 등이 있다. 이들은 보통 인돌이 주성분으로, 먼저 알칼리로 이들 색소를 환원하여 염색한 후 공기 중에 산화하여 원래의 색이 나오게 한다. 염기성 염료는 베르베린이라는 물질이 주성분으로, 황백과 황련이 대표적이다. 염기성 염료는 보통 동물성 섬유에 염색이 잘 된다.

황백	황련

황백나무

황토염색

▲ 숯

광물성 염료는 재, 숯, 황토 등이 대표적이다. 물에 녹지 않으므로 안료라고 할 수도 있다. 이 광물성 염료 가운데 가장 널리 사용되는 것은 황토이다. 재료를 구하기 쉽고 만들기가 간편하기 때문이다. 특히 황토는 대량생산이 가능할 뿐 아니라, 전자파 흡수, 중금속 방출 분리, 생리 작용 활성화, 원적외선 방출 등에 효능이 있다고 알려져 웰빙 바람을 타고 대중화되었다.

48

동물에서 색을 구하다

동물성 염료는 벌레나 벌레집 등 동물성 원료에서 얻는 염료로, 코치닐, 케르메스, 티리언 퍼플(Tyrian Purple, 보라조개), 오배자 등이 여기에 속한다. 동물성 염료와 비교할 때, 종류가 매우 적고 희귀한 것이 특징이다. 대부분 매염제에 따라 색이 다르게 나타나는 '다색성 염료'이다. 매염제에 따라 코치닐은 붉은색 혹은 보라색을 띠고, 오배자는 회색, 검은색, 보라색 등을 띤다.

코치닐은 중남미 사막지대에서 자생 선인장을 먹고 사는 깍지벌레에서 얻는 붉은색 염료로 아시리아에서 기원전 17세기부터 사용되었다는 기록이 있다. 원산지는 멕시코, 과테말라이며, 점차 카나리아 섬, 알제리, 호주 등으로 전파되었다.

시판되는 것은 농축액이나 분말인데, 만드는 과정은 다음과 같다. 벌레를 말려서 빻아 가루로 만들고 그 가루를 아세트산에 넣어 끓인다. 이것을 걸러 물과 알코올 혼합액에서 추출하여 말리면 염료가 만들어진다. 보통 십육만 마리의 벌레를 끓여야 1킬로그램의 코치닐 색소가 나온다. 주성분은 카민산으로 물, 알코올, 에테르에 쉽게 녹고, 벤젠 등에는 전혀 녹지 않는다. 특히 색이 선명하여 매우 좋은 염료로 각광받고 있는데, 식품, 화장품(립스틱), 생체조직 염색에도 쓰인다. 체리콜라와 딸기 맛 우유에도 이 벌레가 들어간다. 인체에 무해한 천연염색제이므로 매우 널리 사용된다. 일본에서는 인공적으로 코치닐 색소를 합성하기도 한다.

코치닐

코치닐 염료의 원료인 깍지벌레

바다달팽이

오배자

티리언 퍼플은 지중해에 사는 바다달팽이의 분비물에서 얻는 염료이다. 원래 분비물의 색은 노란색인데, 공기 중에서 산화되면 붉은 보라색이 된다. 주성분은 디브로모 인디고(dibromo-indigo)이며, 기원전 16세기에 페니키아 인들이 채집하여 사용했다고 한다. 당시에 이 색을 매우 귀하게 여겨 마구 채집한 나머지, 그리스 로마시대에는 한때 바다달팽이가 거의 멸종될 위기를 겪었다고 한다. 연구에 의하면 공기 중에서 산화될 때 산소보다는 직사광선이 더 중요한 요건이라고 하며, 주로 모직물 염색에 사용되었다.

이 염료와 관련해서는 재미있는 전설도 있다. 페니키아의 신 멜카르트(Melqart, 로마에서는 이 신을 헤라클레스라고 부른다)가 어느 날 요정 티로스(Tyros)와 함께 지중해 해변을 산책하다가, 티로스의 개가 바다달팽이를 깨무는 바람에 티리언 퍼플을 발견했다는 이야기이다. 이 색을 본 요정 티로스는 생전 처음 보는 기품 넘치는 색에 반해, 멜카르트에게 이 호화찬란한 색으로 옷 한 벌을 해준다면 사랑을 보답하겠다고 약속했고, 사랑에 빠진 멜카르트는 서둘러 잡을 수 있는 바다민달팽이를 모두 손수 긁어 모았다고 한다.

티리언 퍼플

우리나라에서 유일하게 나는 동물성 염료는 **오배자**이다. 이것은 붉나무에 기생하는 벌레가 혹 모양으로 만든 벌레집이다. 탄닌이 주성분이며 벌레가 빠져나가기 전에 따서 말리면 된다. 오배자로 염색한 것을 산화철로 처리하면 흑색, 회청색을 띤다.

오배자

염료를 합성하다

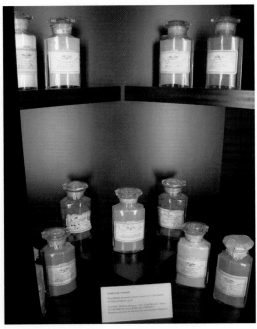

▲ 합성 염료

▲ 왼쪽부터 알리자린, 모브, 울트라마린, 인디고

식물성 · 동물성 · 광물성 등 천연염료들은 1856년을 기점으로 그 사용량이 크게 줄어든다. 윌리엄 퍼킨(William Perkin, 1838~1907)이 자주색 합성염료 모브(Mauve)를 만들었기 때문이다.

1832년 라이헨바하는 너도밤나무에서 나오는 타르의 성분 구조에 대해서 연구하고 있었다.

그런데 지나가던 개들이 자기 집의 울타리를 더럽히는 것이 자꾸 눈에 거슬렸다. 그는 어떻게 하면 개를 얼씬도 못하게 할까 궁리하다가 자신의 연구 재료인 검은색 타르를 울타리에 칠했다. 타르는 냄새가 지독하므로 개들을 쫓아 내리라 기대한 것이다. 그런데 오히려 개들은 더욱 자주 울타리로 왔다. 그는 할 수 없이 타르 색을 없애기 위해 그 위에 표백분을 바르게 되었다. 그런데 며칠 후 울타리가 짙은 청색(감청색)으로 변해 있는게 아닌가. 이것이 바로 인간이 만든 최초의 합성염료였다.

이것은 울타리의 타르 속에 있던 트리페닐 카르비놀(triphenyl carbinol)이 표백분과 반응하여 염료가 된 것이다. 그러나 당시의 지식으로는 이 감청색이 어떻게 나왔는지 알아낼 수 없었다. 이후 1800년 후반에는 알리자린, 자주색 모브, 파랑색 울트라마린, 남색 인디고 등이 속속 합성되었고, 1920년경에는 염료 공업이 전 유럽에서 공업의 중심이 되었다.

비슷해도 색 다른 염료 분자

그러면 이 염료는 도대체 어떤 녀석일까? 어떤 원리로 색을 나타내는 것일까? 염료에 태양광선을 쪼이면, 염료는 특정한 파장의 빛만을 흡수한다. 노란색 염료이면 백색광 중에서 청색만을 흡수한다. 따라서 백색광 아래에서 청색을 제외한 나머지, 즉 노란색으로 보이는 것이다.

보통 염료 분자는 크고 평면이며, 일정한 파장의 빛만을 흡수하는 '발색단'이라는 원자단을 가지고 있다. 언뜻 비슷해 보이는 염료 분자이더라도 구조가 다르면 다른 색으로 나타난다. 마치 텔레비전이나 라디오의 다이얼을 조금만 돌려도 다른 방송으로 바뀌는 것처럼 말이다.

염료 분자들의 화학구조를 살펴보면 그 모양이 서로 비슷비슷한 것을 알 수 있다. 왜 그럴까? 염료 분자가 색을 나타낸다는 것은 가시광선 영역의 빛을 흡수한다는 것이다. 가시광선 영역의 빛은 자외선에 비해 에너지가 작은 빛이다. 빛을 흡수하면 분자 내의 전자들은 들뜨게 되는데, 가시광선을 흡수한다는 말은 약한 빛에 쉽게 들뜨는 전자들을 가지고 있다는 말이다.

이중결합 혹은 삼중결합을 이루고 있는 물질의 전자는 단일결합에 비해 들뜨기 쉬워 자외선 중에서 파란색에 가까운 곳을 흡수한다. 만일 이런 이중결합이 넓게 퍼져 있으면 전자는 더 들뜨기 쉬워지므로 가시광선 부분을 흡수하게 된다. 이런 이중결합의 수를 조정하면 여러 가지 색을 내는 물질을 만들 수 있다.

예를 들어 카로틴은 이런 이중결합이 11개인 물질이며 청색 부분을 흡수하여 황적색을 나타낸다. 화학자들은 이렇게 이중결합의 개수와 원자단들을 붙였다 떼었다 하면서 다양한 염료를 만들어낸다.

한편, 염색을 없애는 표백은 수백 개의 원자로 이루어진 염료 분자에 단지 산소 원자 한 개를 더 붙이는 방식으로 이루어진다. 산소 원자 한 개로 인해 색이 사라져버리는 것이다. 또한 염료 분자의 화학구조를 조금만 변화시켜도 색은 바뀐다.

6♦ 합성 염료와 벤젠 구조

염료 합성은 독일의 과학자 케쿨레가 벤젠고리의 구조를 밝힘에 따라 활기를 띠기 시작했다. 벤젠 구조가 염료 분자들에 공통적으로 있는 부분이기 때문이다. 벤젠 구조의 특징은 탄소 6개와 수소 6개가 한 평면상에 있다는 것이다. 케쿨레가 꿈속에서 뱀들이 서로 꼬리를 물어 고리를 만드는 것을 보고 벤젠 구조를 확립했다는 일화가 있다.

▲ 프리드리히 아우구스투스 케쿨레
Friedrich August Kekule, 1829 ~ 1896

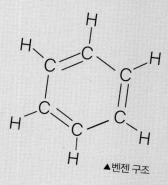
▲벤젠 구조

6 ♦

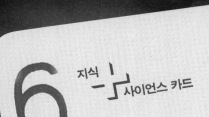
지식 사이언스 카드

바랜 색과 형광

염료 분자에 의해 흡수된 에너지는 전자를 들뜨게 한 다음 어떻게 되는 것인가? 용액 상태이거나 헝겊에 부착되어 있는 염료 분자는 사이의 간격이 떨어져 있어서 서로 영향을 주지 못한다. 염료 분자는 대부분 주변에 있는 용매 분자 등에 에너지를 주고, 자신은 본래의 에너지 상태로 돌아온다. 들떴다가 다시 바닥 상태로 돌아가는 데 드는 시간은 10^{-10}초이므로 거의 동시에 일어난다. 에너지를 받은 분자는 이를 분자 진동에 사용하므로 주위의 온도가 올라간다. 즉 빛에너지가 열에너지로 바뀌는 것이다. 빛에너지가 너무 강한 경우에는 염료 분자 자체가 세게 진동하여 분자가 깨지기도 한다. 빛에 의해 색이 바래는 것이 이런 경우이다.

또는 에너지를 다시 빛으로 내보내는 경우도 있다. 한 번 흡수했다가 다시 내보내는 에너지는 흡수한 것보다 약하다. 자외선을 받은 물질은 가시광선 영역의 빛을 내보내게 되는 것이다. 물질 가운데에서는 자외선 영역의 빛을 흡수해서 보라색에서 파란색의 빛으로 다시 내보내는 것이 있는데 이것이 바로 형광 염료이다. '새하얗게 세탁된다'는 세제에는 이런 형광염료를 소량 첨가한 것이 많다. 이것은 때를 완전히 없애느냐와는 상관없이 세탁물이 환하게 빛나도록 하는 것이다.

▶ 흰 옷을 더 희게 만드는 세제는 대개 형광염료를 소량 첨가해 세탁물을 더 환하게 빛나도록 만든다.

9 ♦

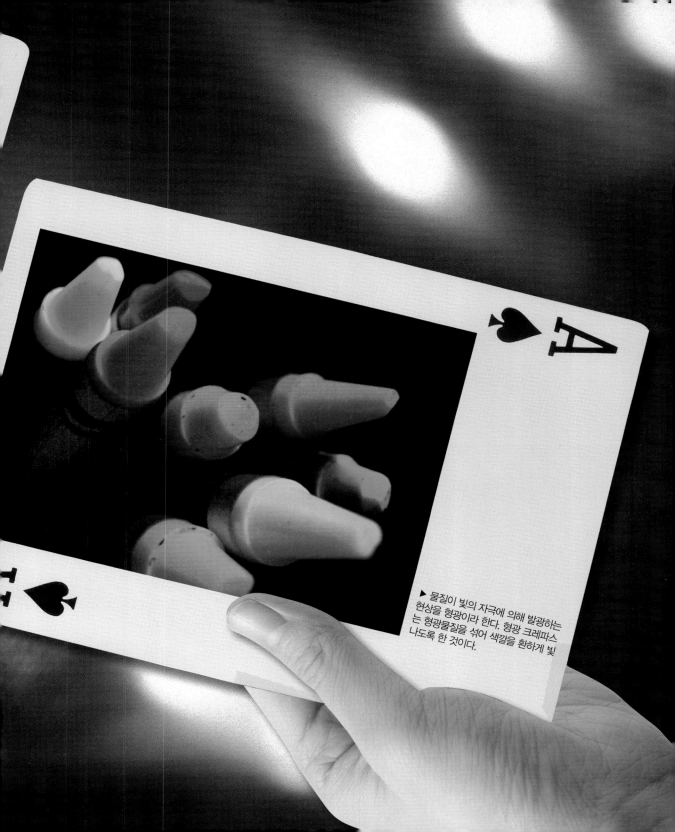

▶ 물질이 빛의 자극에 의해 발광하는 현상을 형광이라 한다. 형광 크레파스는 형광물질을 섞어 색깔을 환하게 빛나도록 한 것이다.

3. 안료, 예술에 빠지다

화가들은 빛과 색의 마술사이다. 아름다운 그림은 종종 머릿속을 환하게 하거나 조용한 희열을 느끼도록 만든다. 어느 순간 말을 빼앗아 갈 정도의 감동을 선사하기도 한다. 반 고흐의 생명력 넘치는 노란색과 코발트블루, 샤갈의 신비스러운 청색을 떠올려 보라. 그러나 수많은 그림 속의 색들이 오래도록 진한 감동을 주기까지, 쉽게 바래지 않는 색상을 얻기 위한 인류의 고군분투를 기억할 필요가 있다.

생물은 죽어서 탄소를 남기고

▲ 옛날 화가들이 작업하는 풍경을 나타낸 그림이다. 가운데에서 커다란 그림을 그리는 화가 뒤에 서 있는 두 사람은 안료를 곱게 빻아 기름에 넣고 있다. 화가 앞의 사람은 만들어진 물감을 섞어 필요한 색을 만들고 있다.

물들이는 염료가 나왔으니 이번에는 그림 그리는 이야기로 넘어가 보자. 옷감을 물들이는 것이 생활이라면 그림은 예술이다. 예술에서 색이 빠지면 안 될 말이다.

옛날부터 사람들은 자연에서 얻은 물질을 안료로 사용했다. 18만 년 전 유럽에 살았던 네안데르탈인도 누군가 죽었을 때 붉은 황토(Red Ocher)를 발라 매장했다. 몇 만 년 동안, 인간들은 색을 내는 약품을 암석의 광물들로부터 얻었기 때문에 색의 대부분은 흐리고, 흙색이었다. 화가들은 보다 훌륭한 그림을 그리기 위해 항상 새롭고 더 좋은 안료들을 찾으려고 노력했다. 예를 들면 보석쟁이의 루즈 (Jeweller's rouge)라는 안료는 화로에서 황산철Ⅱ 수화물을 가열하는 방법으로 만들었다.

18세기 중엽에는 다양한 노란색의 안료로 황화비소와 산화철Ⅲ 무수물이 일찍부터 사용되었다. 산화납Ⅱ은 16세기부터 사용되었다. 이처럼 옛날 화가들은 물감을 위한 재료를 직접 구해 만들어 써야 했다. 게다가 유명하고 돈이 많은 화가만이 색이 잘 변하지 않고 화판에 잘 붙는 고급 안료를 사용할 수 있었다. 가난한 화가들은 값이 저렴한 안료를 쓸 수밖에 없었으므로 그들의 작품은 현재까지 잘 보존되어 전해지기 어려웠다.

안료, 캔버스를 화려하게 수놓다

안료는 페인트나 잉크처럼 표면에 얇게 펴질 수 있거나 물질에 혼합되는 것이다. 안료는 미립자 모양의 불용성 색소인데, 이 안료 가루를 기름이나 계란 등에 섞어서 캔버스나 벽에 바르게 된다. 기름이나 계란 흰자처럼 접착제 역할을 하는 것을 전색제라고도 한다. 안료는 시대에 따라 다른 것이 사용되었고, 점차 선명하고 사용하기 편하며 가급적 색이 변하지 않는 것으로 발전했다. 따라서 그림에 사용된 안료를 과학적으로 분석하면 그림이 그려진 시기와 그림의 위조 여부도 알 수 있다. 만약 유명한 옛날 화가의 그림에서 나온 안료가 그 시대가 아닌, 현대에 합성된 것이라면 그 그림은 위조된 작품인 것이다.

계란으로 그린 그림, 기름으로 그린 그림

오래전에는 화가들은 자연에서 얻은 여러 가지 색깔 가루들을 벽이나 나무판에 붙이기 위해 풀이나, 침, 날계란 등을 썼다. 특히 계란과 물, 안료를 섞어서 바르는 기법을 에그 템페라(egg tempera) 화법이라고 한다. 서기 800년 이전에는 주로 이 화법을 사용했는데, 단점이 있다면 너무 빨리 마르므로 반드시 그리기 직전에 섞어야 한다는 것이다. 덧칠을 할 수 없다는 단점도 있었다.

덧칠을 하면 이미 색칠한 부분이 녹아서 먼저 칠한 색과 나중에 칠한 색이 서로 섞여 버린다. 게다가 두껍게 칠하면 물이 마르면서 갈라지기 때문에 캔버스에 안료를 매우 얇게 발라야만 했다.

이런 단점을 극복하기 위해서 화가들은 식물성 기름을 섞어 보았다. 식물성 기름을 섞으니 계란을 섞어 쓸 때와 달리 매우 천천히 마르기는 하지만, 수분이 없기 때문에 아무리 두껍게 발라도 말랐을 때 갈라지지 않았다. 게다가 덧칠도 가능해졌다. 이미 말라버린 부분에 다른 색을 칠해도 아래의 색은 그대로 남아 있어서 화가가 의도한 대로 자유롭게 색을 표현할 수 있었다. 특히 반에이크 형제는 오일을 성공적으로 사용한 화가였다. 그들은 오일을 섞은 안료로 그림을 그린 다음 그 위에 유약(니스)을 발라 그림이 잘 보존되고 색이 더 선명하게 보이도록 했다. 1500년대 이후에는 기름을 섞은 유화가 거의 일반화되었다. 합성 안료가 많아진 1800년대 이후에는 기름이 천천히 마르는 단점을 극복하기 위해 기름 대신 아크릴 수지나 아라비아 고무를 사용하였다.

▲ 작가미상, 〈Wilton Diptych〉, 나무에 템페라화, 1395

▲ 얀 반 에이크, 〈아르놀피니 부부의 초상〉, 1434

그림 혁명을 가져온 튜브

▲ 금속압착튜브

▲ 안료를 넣은 돼지방광

안료를 담는 용기도 크게 발전했다. 과거에 화가가 사용하던 물감은 덩어리나 가루 형태였다. 이것을 기름, 고무, 수지와 섞어 개어 낸 뒤 사용했고, 마르지 않게 보관하기 위해서 돼지 방광에 넣어 두었다. 즉 돼지 방광에 물감을 넣고, 사용할 때마다 못으로 구멍을 내서 짜서 쓰고 다시 구멍을 메워야만 했다. 돼지 방광이 터지기라도 하면 큰일이었다.

하지만 1841년 미국의 초상화 화가 존 고프 랜드(John Goffe Rand)가 주석으로 만든 튜브를 선보이면서 상황은 달라졌다. 이 용기에 물감을 넣고 집게로 집기만 하면 야외에서도 충분히 그림을 그릴 수 있었던 것이다. 이것은 유럽과 미국의 화가들에게 큰 인기를 끌었다. 인상파 화가 오귀스트 르누아르의 아들 장 르누아르는 이렇게 말했다. "만일 이 휴대용 용기가 없었다면,

세잔도, 모네도, 시슬리도, 피카소도 없었을 것이다."

실제로 인상주의는 자연을 그대로 기록하는 예술 운동이었다. 모네가 야외에서 색을 사용할 수 없었다면, 빛의 순간적인 효과를 그가 과연 캔버스에 포착해 낼 수 있었을까? 안료 용기의 변화는 미술사적으로 혁명적인 사건이라고 볼 수 있다.

염료와 안료의 차이는?

	염료	안료
물에 녹는 정도	잘 녹는다	잘 녹지 않는다
천연 재료는 어디에서?	주로 식물이나 동물에서 얻는다	주로 광물에서 얻는다
	유기물질이다	무기물질이다
색깔을 잘 내려면?	화학적 결합을 도울 수 있는 매염제가 필요하다	캔버스나 벽에 안료를 접착시킬 전색제가 필요하다
주로 이용하는 곳	옷이나 머리카락을 물들일 때	그림을 그릴 때

▲ 천을 물들일 때는 염료를 사용한다.

▲ 그림을 그릴 때는 안료를 사용한다.

옛날 화가들의 안료

그렇다면 옛날 화가들이 어떤 안료를 사용해서 그림을 그렸는지 어떻게 알 수 있을까?

옛날 화가들이 사용한 안료들은 그들의 작품을 분석해 봄으로써 확실한 증거를 얻을 수 있다. 현재까지 발달한 과학의 방법들을 이용해 옛날 화가들의 명작들에 사용된 안료들의 비밀을 찾아보기로 하자.

▶ Nardo di cione, 〈세 성인〉, 1365년경

이 작품은 초기 르네상스시대의 '세 성인(Three Saints)'이라는 작품이다. 이 그림 속의 성인들은 가운데가 세례 요한, 왼쪽이 순례자 성 제임스, 오른쪽이 복음서를 가진 성 요한이다.

세례 요한 옷을 그린 진홍색 물감은 바래서 탈색됐다. 게다가 템페라(덧칠한 기름)의 굴절률이 시간이 지날수록 증가하여 물감의 굴절률에 가까워지므로 그림이 점점 투명해지고 있다. 그렇기 때문에 옷 아래의 밑그림을 볼 수 있다.

성 제임스 망토의 주홍색 안감에 사용된 버밀리언(vermilio, 황화수은)의 붉은 색에는 검은색 흠들이 있다. 이는 황화수은이 광화학적 반응으로 인해 검은색의 α-황화수은(α-HgS: metacinnabar)로 변했기 때문이다. 초기 이탈리아 제단 그림들에서 등장인물들의 얼굴이 종종 시체처럼 소름끼치는 모습들로 나타나 중세의 이탈리아인들과 초기 르네상스 시대의 사람들이 실제로 그렇게 생긴 것으로 잘못 여겨질 수도 있는데, 이는 바탕색으로 옅은 녹색의 규산질 바다 침전물이 사용되었기 때문이다. 이처럼 르네상스 시기의 화가들은 질 나쁜 안료들 때문에 예술창작 활동에 있어 많은 제한을 받았다.

▲ 피에르 오귀스트 르누아르, 〈세느 강 위의 보트타기〉, 1879

질 좋은 안료가 많이 개발되면서 회화의 세계에도 색다른 그림들이 나타나기 시작한다. 실내에서 상상으로만 그리던 풍경화를 태양이 쏟아지는 야외로 직접 들고 나가 보이는 대로 그리기 시작한 것이다. 특히 공기의 진동, 빛의 흔들림까지 표현한 인상주의 화가 르누아르의 '세느 강 위의 보트타기' 라는 그림이다.

이 그림에서 사용한 물감들은 무엇일까? LMA(Laser microspectral analysis)나 XRD같은 광학현미경에 의해 조사한 결과에 따르면, 르누아르가 사용한 물감은 코발트블루(cobalt blue), 비리디언(viridian, 청록색안료), 크롬옐로(chrome yellow), 레몬옐로(lemon yellow), 크롬오렌지(chrome orange)였다. 대부분은 최근에 개발된 것들이다. 이 그림에서 르누아르는 일렁이는 물 위에 반사되어 이글거리는 태양을 나타내기 위해 코발트블루를 크롬옐로, 크롬오렌지와 나란히 사용함으로써 특수 효과를 보려 했다. 이는 이전에 그 어떤 화가도 하지 못했던 것이다. 자세히 보면 배 옆에 물이 부딪치는 몇몇 흰 부분은 칠해지지 않고 단지 살짝 스쳐 칠하기도 했는데 이 시리즈 이전 작품들의 세심한 기술과는 대조된다.

그럼 이번에는 강렬한 색채, 거친 붓놀림, 뚜렷한 윤곽을 지닌 빈센트 반 고흐의 작품을 감상해 보자.

1888년 네덜란드 화가인 반 고흐는 〈밀밭〉이라는 세 장의 그림을 그렸다. 1980년대에 이 그림은 깨끗하게 복원되면서 과학자들은 고흐가 사용한 물질들과 기술에 대해 알아낼 수 있었다. 과학자들은 한낮의 빛 상태와 자외선, 적외선 아래에서 그림의 사진을 찍었다. 이 사진들로부터 그림에서 사용된 안료들의 정보를 알 수 있었다.

예를 들어 흰색 아연은 자외선 아래에서 빛을 낸다. 에메랄드그린(구리나 비소를 포함하는 안료)은 적외선 영역의 빛을 흡수하기 때문에, 이 안료로 그려진 영역은 적외선 아래에서 어둡게 보인다.

이러한 방법 외에도 여러 가지 농도의 노란색과 푸른색을 만들기 위해 고흐가 어떤 색의 물감을 어떤 비율로 섞어 사용했는지 알아보려고 과학자들은 그림의 모서리 부분에서 서로 다른 색의 페인트 샘플을 취하고 어떤 원소들이 존재하는지 분석했다. 그들이 사용한 분석 방법 중의 하나는 각 페인트 샘플의 원자 방출 스펙트럼에서 선을 찾는 것이었다. 그들은 페인트에 있는 각각의 작은 결정을 보기 위해 전자주사 현미경을 사용했다.

조사에 따르면 고흐는 작품 〈밀밭〉에서 서로 다른 명암의 노란색을 얻기 위하여 흰색 아연(Zinc White)과 다른 안료들을 혼합한 크롬옐로(Chrome Yellow)를 사용했다는 것을 알았다. 아래의 표는 국립화랑의 과학자들이 얻은 데이터 중에서 뽑은 것이다.

페인트 샘플	사용된 색소
밀밭의 어두운 노랑	크롬옐로
밀밭의 중간 노랑	크롬옐로(다량) + 흰색 아연(소량)
밀밭의 밝은 노랑	흰색 아연(다량) + 크롬옐로(소량)
우중충한 노랑	크롬옐로 + 흰색 아연 + 에메랄드그린 소량
엷은 녹색의 관불	흰색 아연 + 크롬옐로 + 비리디언(녹색안료)

▲ 빈센트 반 고흐, 〈A Wheatfield, with Cypresses〉, 1889

오래된 그림, 다시 살아나다

'그림 복원'은 원작을 망치는 필요악일까, 아니면 원작을 다시 살려내는 첨단 과학기술일까?

'그림 복원'은 역사와 회화에 대한 세심한 이해는 물론 고도의 과학 기술을 필요로 하는 작업이다. 일각에서는 복원이 원작을 파괴한다며 반대하긴 하지만, 그림 복원의 과정을 따라가다 보면 명작이 새롭게 되살아나는 모습에 탄성을 지르지 않을 수 없다. 그럼 실제로 어떻게 그림이 복원되는지 그 과정을 따라가 보자.

17세기 이탈리아의 화가 구에르치노(Guercino)의 그림
⟨Erminia and the Shepherds⟩

▲ 복원 전

▲ 복원 후

간단히 말해 그림 복원은 그림을 철저히 분석한 후, 먼지를 제거하고, 과거에 발랐던 니스의 색을 다시 투명하게 한 다음, 이전에 복원했던 흔적을 지워 원래 상태로 만들고, 그런 다음 변색이 되지 않는 광택제를 바른 후 덧칠하고 메우는 과정을 밟는다.

그림 복원의 과정

① 적외선 분석
휴대용 적외선 분광
기로 그림을 분석한
다.

② 그림 위에 앉은
먼지를 닦아낸다.

③ 누렇게 변한 니스의 색을
화학 약품을 발라 투명하게
만들면, 그림의 색이 명확해
진다.

④ 이전 복원의
흔적을 지우면
흰색이 남는다.

⑤ 빛과 산소에 안정한
광택제를 전체적으로
뿌린다.

⑥ 세밀한 붓으로 새롭게 채색해야
하는 부분을 손본다.

03 색으로 표현하다

신비롭고 아름다운 모든 색 속에는 인내와 기쁨, 노고와 경탄이 담겨 있다. 그 어느 색 하나도 쉽게 만들어지지 않았으며, 색은 저마다의 역사를 지닌다. 보라색이 고귀함과 품격을 연상시키고, 빨간색이 부와 권력을 상징하게 된 까닭을 알기 위해서는 그 색들을 만들어내기까지의 수고로운 역사를 살펴보아야만 한다. 각각의 색들이 품고 있는 역사들은 인간 심리와 상징을 이해할 수 있는 하나의 열쇠가 될 것이다.

1. 고귀한 색, 퍼플레드 이야기

모든 희귀한 것은 귀하다. 자주색은 오래전부터 굉장히 만들기 힘든 색이어서, 긴 시간 동안 '가진 자들의 색'이었다. 부와 권력을 향유했던 귀족, 추기경들만이 자주색 옷을 입을 수 있었던 것이다. 인공염료가 만들어지기 전까지는, 자주색 옷 한 벌을 위해 수많은 달팽이를 죽여야 했다. 인공염료 '모브'가 만들어졌을 때, 그것이 얼마나 관심의 대상이 되었는지는 눈으로 보지 않더라도 미뤄 짐작할 수 있다.

당신을 귀족으로 모십니다

국내 모 카드사는 상위 5퍼센트 특권층을 위한 신용카드를 출시했다.

'더 퍼플(The Purple)'이라고 이름 붙인 이 카드는 일 년에 1억 원 이상을 버는 부자들을 위한 카드이다. 고객을 최고의 손님, 즉 VIP로 모시는 전략에서 한 단계 발전한 'VVIP 마케팅 전략'이라고 한다. 그런데 왜 하필 그 많은 색상 중에서 퍼플(purple), 즉 자주색을 쓴 걸까? 퍼플의 뜻을 사전에서 찾아보면 자줏빛, 자줏빛 옷 외에도 권위, 귀족, 고위, 추기경 등을 나타낸다는 것을 알 수 있다. 오랜 옛날부터 고귀함을 상징했던 자주색이 현대에 이르러 고위층을 대상으로 한 금융 상품의 브랜드 컬러가 된 것이다.

자주색을 고귀하게 여기게 된 것은 무엇보다 희귀성 때문이었다. 자주색의 희귀성은 빛의 스펙트럼에서도 알 수 있다. 빛의 스펙트럼에는 자주색이 존재하지 않는다. 가시광선은 빨간색에서 시작해 보라색으로 끝나는데, 자주색은 이 빨간색과 보라색이 만나야 생기는 색이다. 파장 400나노미터의 보라와 파장 700나노미터의 빨강은 자연에서는 만날 수 없는 색으로, 자주색을 보기 위해서는 일부러 두 개의 스펙트럼을 겹쳐야만 우리 눈으로 확인할 수 있다.

고대 페니키아 인들의 비법

퍼플레드를 만들어내는 방법은 무엇일까? 기원전 12세기에 고대 페니키아 인들이 사용한 방법은 다음과 같다.

퍼플레드를 만드는 원료는 가시달팽이의 아가미 근처 작은 선 하나에서 나오는 노란 분비물 한 두 방울이다. 인간들은 퍼플레드를 만들어 낼 수 있는 이 두 방울의 분비물을 얻기 위해서 지난 3,000년 동안 수억 개의 달팽이가 수명을 다하기도 전에 잡아 버렸다. 완성된 1그램의 퍼플

▲ 가시달팽이

레드 색소를 위해서 희생되어야 했던 달팽이는 적게는 8천 마리에서 많게는 2만여 마리였다고 한다. 퍼플레드를 만들기 위해서 제일 먼저 달팽이 껍질을 깨고, 산 채로 색소선을 절단해야 한다. 그 다음 달팽이의 육즙을 며칠간 소금물에 넣어 삶거나 햇빛 아래에 놓아 썩도록 만든다. 이것을 물과 오줌을 섞은 액체 속에 넣어 커다란 냄비 속에서 다시 한 번 약 2주간 끓인다. 이 과정을 거치면 처음 양의 20분의 1정도로 분량이 줄어든다. 이렇게 만들어진 달팽이 죽에 실이나 섬유를 담근 뒤 햇빛에 말린다. 실이나 섬유는 산소와 빛의 영향을 받아 여러 가지 자주색으로 물들게 된다.

퍼플레드는 고귀해

▲ 이탈리아 라벤나 산 비탈레 교회의 〈비잔틴의 유스티니아누스 황제와 막시미안 주교와 사제들〉, 547년경. 유스티니아누스 황제가 퍼플레드 옷을 입고 있다.

퍼플레드를 얻는 과정은 매우 어려웠기 때문에 자주색 비단 1파운드의 값은 자그마치 8천 마르크에서 7만 마르크였다. 시민들은 한 조각조차 살 수 없을 정도로 비쌌다. 얼마나 비싼지 로마의 황제 아우렐리아누스도 아내에게 자주색 옷을 사줄 만한 경제적 여유가 없다고 말했을 정도라고 한다. 로마에서는 승리한 병사에게 개선 행진을 할 때 자주색에 금수를 놓은 옷 'tunica palmata'를 입는 영광을 주었다. 가톨릭에서도 고귀한 성서는 자주색 표지에 금색으로 글을 썼다.

하지만 이 퍼플레드는 1453년 터키가 콘스탄티노플을 정복하면서 갑자기 사라진다. 로마에 의해서 철저하게 관리돼 오던 페니키아 인의 염색기술이 사라지고, 자주색 대신에 값싼 꼭두서니 식물에서 얻은 붉은 색이 사용되었기 때문이다.

인공염료 '모브'의 탄생

▲ 윌리엄 헨리 퍼킨(1838~1907)

▲ 모브로 염색한 천
◀ 퍼킨이 만든 모브와 주황색 알리자린

그렇다면 자연에서 쉽게 구하기 어려운 자주색 염료를 합성하여 만들게 된 것은 언제부터일까?

1856년, 부활절 휴일 기간에 한 10대 소년은 집에 있는 조그마한 실험실에서 알코올 램프와 숯불을 조심스럽게 다루면서 검정색의 끈적끈적한 물질을 천천히 끄집어 냈다. 소년은 식물에서 추출되던 말라리아 치료약 퀴닌을 합성하기 위해 밤낮없이 실험에 매달리고 있었다. 그러나 그가 퀴닌 대신 얻은 것은 실망스런 검정 덩어리였다. 소년은 그것을 그냥 버리지 않고 알코올로 추출해 보았는데 생각지도 못한 멋진 자줏빛 물질을 얻을 수 있었다. 이에 그는 그 당시 열풍이었던 염료 사업을 떠올리며, 실크 조각을 우연히 얻은 자줏빛 물질에 담궈 보았다. 그 실크는 리라꽃색인 예쁜 자주색으로 염색되

었고, 빛에 바래지도, 물이 빠지지도 않았다. 이처럼 실용적인 인조염료를 처음으로 합성·제조하고 상품화시킨 것을 성공한 이는 영국의 윌리엄 헨리 퍼킨(Willam Henry Perkin)이었다.

퍼킨은 당시 영국의 왕립학회 학장이었던 독일의 화학자 호프만(August Wilhelm won Hofmann)의 실험조수였다. 1849년 당시 영국의 식민지에서는 말라리아가 크게 유행하여 수천 명이 생명을 잃었으므로 말라리아 치료제가 매우 중요했다. 말라리아 치료제인 퀴닌은

열대지방 정글에서만 자라는 키나의 나무껍질에서 얻었는데, 호프만은 이 퀴닌을 인공적으로 합성하려고 했다. 호프만은 콜타르에서 톨루이딘을 분리해 보다가 톨루이딘과 퀴닌의 구조가 비슷한 것에 착안하여 콜타르에서 퀴닌을 만들려고 한 것이다. 이것은 사실 화학적으로 불가능하다.

당시 10대 소년이었던 퍼킨은 호프만의 지시 대로 톨루이딘의 산화 반응을 시도했으나 결과적으로 나온 것은 퀴닌과는 전혀 다른 적갈색 화합물이었다. 퍼킨은 그 물질에 아닐린을 반응시켰고, 이윽고 검정색의 끈적끈적한 덩어리가 나왔다. 이것을 알코올로 추출하여 자주색 물질을 얻어낸 것이다. 퍼킨의 천재적인 능력은 이 물질로 염색이 되는지 알아보기 위해 시도했다는 점이다.

▲모브 분자구조

유행의 중심, 모브

퍼킨은 실크가 선명한 자주색으로 염색되며, 비누로 세탁해도 빠지지 않는다는 것을 알아내고는 아버지와 함께 염색공장을 설립했으며, '모벤' 이라는 이름으로 이 물질을 상품화하였다. 하지만, 보수적인 영국은 신제품에 대해 매우 냉담했다. 실망한 퍼킨은 프랑스로 넘어가 'Mauve, 모브-적자색 꽃이 피는 야생화'라는 이름으로 대량 판매를 하기 시작했다. 새로운 것을 잘 받아들이는 프랑스에서 모브는 선풍적인 인기를 끌었고, 유행을 이끄는 색이 되었다. 결국 얼마 지나지 않아 모브는 백금과 비슷한 가격인 킬로그램 당 2,000마르크에 팔리는 엄청난 상품이 되었다.

윌리엄 퍼킨의 성공에 힘입어 화학자들은 앞다투어 천연 염료합성 경쟁에 돌입했고, 염료공장도 우후죽순으로 생겨났다. 마치 19세기 중반 미국 서부를 달군 골드러시(gold rush)처럼, 합성하는 방법을 알아낸 뒤 특허만 먼저 낸다면 엄청난 부를 누릴 수 있었기 때문에 염료합성은 활기를 띠었다. 이후 유기화학은 하나의 학문으로 자리 잡게 된다.

▲ 폴 고갱, 〈마리 데리앵〉, 1890

고대의 비밀을 밝혀낸 화학자들

▲다이브로모 인디고의 분자 구조(위)와 인디고의 분자 구조(아래)

자주색의 화학 구조를 알아낸 사람은 독일의 화학자 폴 프리들랜더(Paul Friedlander)이다. 그는 1908년, 합성염료의 개발로 화학공업이 비약적인 발전을 거듭하고 있을 때 자주색의 화학 구조를 밝혀냈다. 자주색을 나타내는 물질(다이브로모 인디고)의 구조를 살펴보면 파란색을 나타내는 인디고의 구조와 매우 비슷하다는 것을 알 수 있다. 가시달팽이의 색소선에서 분비되는 물질과 인디고 식물이 비슷한 분자 구조를 가진 물질을 만든다는 것은 신기한 일이다. 가시달팽이의 색소선에서 분비되는 물질의 화학 구조는 인디고의 화학 구조에 단지 바닷물에 많은 브롬 원자 두 개를 더 추가한 형상을 띠고 있다.

가시달팽이의 색소선에서 나오는 액은 노란색이지만, 이것을 가공하면 자주색이 된다. 가공과정에서 빛의 작용은 매우 중요하다. 빛의 양에 따라 자주색이 될 수도 있고, 파란색이 될 수도 있기 때문이다. 1980년대에 화학자 오토 엘스너(Otto Elsner)는 흐린 날 염색한 것은 자주색이 되지만, 맑은 날 염색한 것은 파란색이 된다는 것을 관찰하고, 이는 광화학 반응을 통해 자주색이 파란색으로 변한다는 것을 입증했다. 한 가지 재료에서 파란색, 자주색, 초록색 등 다양한 색이 나오는 이 신비함의 열쇠는 역시 빛이었던 것이다.

▲ 귀도 레니, 〈Cleopatra with the Asp〉,
1630

색에 관한 황당한 법률들

자주색이 처음으로 로마에 들어온 것은 시저가 클레오파트라와 만난 후라고 한다. 클레오파트라
는 자주색으로 치장한 소파가 있는 큰 홀에서 쾌락과 방탕함이 난무하는 파티를 열곤 했다. 그녀
는 자신의 배를 다른 사람들의 배와 구별하기 위해 자주색 돛을 달았다고 한다. 그렇게 화려한 색
을 이전에는 본 일이 없었던 늙은 장수 시저는 그 분위기에 심취해 클레오파트라와 사랑을 나누
었다. 그 후 시저는 전쟁의 승리를 기념하기 위해 새로운 패션 아이템으로 가시달팽이에서 추출한
염료로 물들인 긴 자주색 옷을 선보였다. 이 옷은 시저만이 입을 수 있는 옷이었다. 이후 자주색 옷
은 동경과 숭배, 그리고 권력을 의미하게 되었다.

네로 시대에는 어느 누구도 이 자주색 옷을 입을 수 없었고, 발각되면 처형을 당했다. 아우렐리아
누스 황제가 집권한 3세기에 여자는 누구나 자주색 옷을 입을 수 있었지만, 남자는 장군처럼 높은
계급이어야만 자주색 옷을 입을 수 있었다. 4세기에 들어 디오클레티아누스 황제는 많은 사람들에
게 자주색 옷을 허락하는 대신, 황실에 돈을 내게 했다고 한다.

자주색 말고도 규정이 엄격했던 색은 많다. 1197년 잉글랜드 왕 리처드 1세는 신분이 낮은 사람은
무조건 회색 옷만 입도록 했다. 중국 청나라 때는 오직 황제만이 노란색 옷을 입을 수 있었다. 그와
반대로 마오쩌둥이 집권한 1950년 이후 중국인들은 한 때 신분에 관계없이 무조건 파란색 옷만을
입어야 했다.

2. 피의 색, 스칼렛 이야기

살아 움직이면서 일렁거리는 듯한 빨간색은 선연한 피, 타오르는 불을 연상시킨다. 너무도 강렬한 느낌을 주는 빨강에 우리가 매혹되는 것은 어쩌면 당연한 일이다. 붉게 물들이기만 하면 그 어떤 사물일지라도 매력을 지닌 듯한 착각을 불러일으킨다. 생명, 정열, 에너지, 화려함을 상징하는 붉은색이 대중화되기까지의 그 뜨거운 역사에 대해 알아보기로 하자.

빨간색 옷? 입으면 사형!

▲ 라파엘로 산치오, 〈교황 율리우스 2세〉, 1512

대혁명이 일어나기 전 프랑스에는 복식 규정이 있었다. 신분에 적합한 소재, 직물, 색을 규정해 놓은 것이다. 상급귀족, 하급귀족, 고위성직자, 하위성직자, 부유한 시민, 가난한 시민, 부유한 농부, 가난한 농부, 하인, 심부름꾼, 과부, 고아, 거지…….이들 각각에게 의복을 규정해 놓았고, 규정에 맞지 않는 의복은 경찰이 압수했다.

색이 화려한 직물은 매우 비쌌기 때문에 천을 휘감는다는 것은 곧 부유하다는 것을 의미했다. 중세의 전형적인 의복은 망토이다. 신분이 높을수록 망토의 길이는 길었고 신분이 낮을수록 색이 흐릿한 짧은 망토를 입었다. 20세기 전까지만 해도 농부, 노동자들은 여름옷 두 벌, 겨울옷 두 벌이 고작이었다. 한 벌은 일요일에 입고, 나머지 한 벌은 평일에 입었다. 화려한 색은 부자가 입고, 탁한 색은 가난한 자가 입었다. 그것이 법이었다!

▲ 루이 14세

다양한 색상 중에서 빨강은 황제의 색이었다. 빨강은 색상을 만드는 과정에서 불순물을 제거하기가 가장 어려웠고, 염색 과정이 매우 까다로웠다. 따라서 순수하고 빛나는 빨강은 오직 교황이나 황제만이 가질 수 있었다. 이렇게 빨간색 옷이 힘과 권력을 상징하다 보니, 신분이 낮은 사람이 빨간색 옷을 함부로 입었다가는 사형에 처해지기도 했다. 루이 14세의 초상화를 보자. 갖가지 색의 옷감을 치렁치렁 늘어뜨리고 있는 것을 볼 수 있는데, 그중에서도 빨간색 구두 굽이 눈에 띈다. 오직 귀족만이 신을 수 있는 구두였을 것이다.

하지만 귀족이 부를 상실하게 되자 차츰 부유한 시민들이 빨간색 옷을 입게 됐고, 빨간색 옷은 곧 '부자의 색'으로 통하게 되었다. 빨강의 귀족적인 의미는 요즘도 남아 있다. 대부분의 대극장, 오페라 하우스, 호텔 앞에는 빨간색 양탄자가 깔려 있다. 각종 시상식 때 스타들이 밟고 지나가는 길에도 레드 카펫이 깔려 있다. 왕실의 놀이였던 여우 사냥 때 입는 외투를 레딩고트(redingote)라고 하는데, 이는 '붉은색 승마용 코트(red riding coat)'를 줄인 말이다. 요즘은 여러 가지 색으로 외투를 만들지만, 예전에는 빨간색으로만 만들었기 때문이다.

빨강, 그 다양함에 대해서

▲ 오커

엄마의 화장대에서 색색의 립스틱 팔레트를 본 적이 있는가? 붉은색으로 칠하는 입술 화장만 해도 그 가짓수가 수십 가지다. 그렇다면 다홍색(스칼렛, scarlet), 주홍색(버밀리언, vermilion), 심홍색(카민, carmine) 등 미묘한 차이를 가진 다양한 붉은색깔은 어떻게 나온 것일까? 이것은 합성염료가 만들어지기 전에 쓰인 천연재료의 성질에 따라 다르게 나타난 것이다.

심홍색 카민은 벌레에서 나온 빨강으로 풀에서 나온 진홍색 알리자린과 비슷하다. 하지만, 벌레에서 추출한 색상이 약 20배 정도 색이 진하며, 염색했을 때 더 안정적이다. 당연히 가격도 훨씬 비싸다. 그 다음은 광물에서 나온 염료로, 벌레나 풀에서 나온 빨강보다 밝고 환한 것을 느낄 수 있다.

빨간색을 얻을 수 있는 가장 손쉬운 방법은 산화철을 이용하는 것이다. 산화철이 함유된 흙을 '오커(ocher)'라고 한다. 오커는 빨간색 외에도 노란색이나 주황색을 띠기도 한다. 알타미라 동굴이나 쇼베 동굴에서 볼 수 있듯이 고대인들은 이 흙을 가지고 동굴 벽에 그림을 그렸다. 이집트에서는 산화철은 여인들의 입술을 칠하는 화장품이 되기도 했다.

오커의 색은 세월이 지나도 변하지 않지만, 동굴 벽화에서 볼 수 있듯이 이것만으로는 선명한 빨강을 얻을 수 없다. 산화철의 색에 만족하지 못한 사람들은 더욱 '선명한 빨강'을 얻기를 원했다.

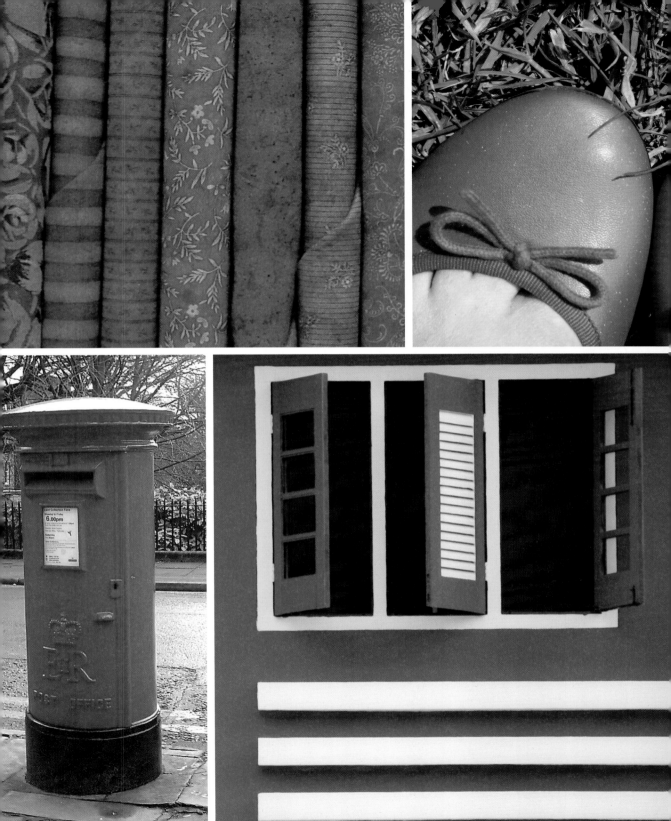

화가들의 빨강, 진사

▲ 광물성 염료인 진사

연금술사들은 흔히 금을 만들기 위해 반짝이는 수은과 누런 황을 함께 가열하였는데 그 결과 나온 것은 빨간 고체뿐이었다. 이것이 바로 진사이다. 자연에서는 진사(cinnabar)라는 암석에서 나온다. 연금술사들은 금 대신 나온 이 빨간 고체덩어리를 쓸모없다며 버렸고, 심지어 쓸모없는 물건을 지칭할 때도 "이런 진사 같으니!"라는 말을 하기도 했다. 하지만 진사는 사실 위대한 발견 중 하나로 꼽힐 만큼 아주 좋은 빨간 염료이다. 공예가들은 도자기의 빨간색을 표현할 때 이 암석을 갈아서 사용하였고, 화가들은 그림을 그릴 때 진사를 많이 사용했다. 광물성 염료인 진사는 코치닐이나 케르메스(연지벌레), 꼭두서니같이 동물이나 식물에서 나온 염료와 달리 햇빛에도 색이 바래지 않는 장점이 있다. 단, 수은 성분이 있으므로 많이 사용하면 수은 중독으로 건강을 해칠 수 있다.

현재 빨간색 중에서 가장 비싼 것은 카드뮴 빨강이다. 가장 햇빛에 강하고 색이 강렬하다. 그 외에 붉은 색을 만드는 광물성 염료에는 산화납이 있는데, 이것은 '연단'이라는 돌을 갈아서 만든다.

얀 반 에이크, 〈The madonna with Canon van der Paele〉, 1434~1436 ▶

8 ♣

산화철로 그림의 연대를 알다

목탄의 탄소 외에도 붉은 흙에 있는 철 성분을 조사하면 그림이 그려진 시기를 알 수 있다. 프레스코화가 그려져 있는 고대 이탈리아 건물 벽 중에는 붉은 흙으로 채색된 것들이 있는데, 붉은 흙에는 철 성분이 들어 있다. 축축한 벽에 발라져서 마르는 사이, 철은 그 당시 지구의 자기장 방향, 즉 자북 방향으로 배열된다. 벽이 옮겨지지 않는 한 그 방향은 유지된다. 따라서 그림의 가장자리를 긁어내어 자기장의 방향을 조사하여 지구 자기장의 변화와 비교하면 그 그림이 그려진 연대를 파악할 수 있다. 거꾸로 그려진 시기를 이미 알고 있는 그림 조각을 통해서는 그 시대의 자북이 어디였는지 알아낼 수 있다.

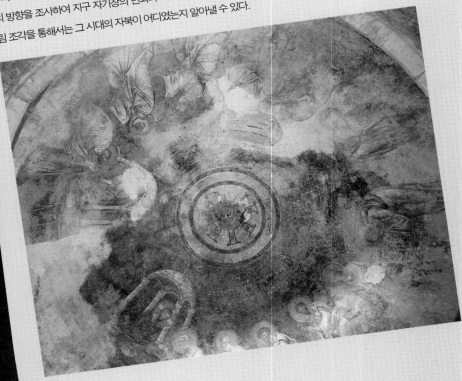

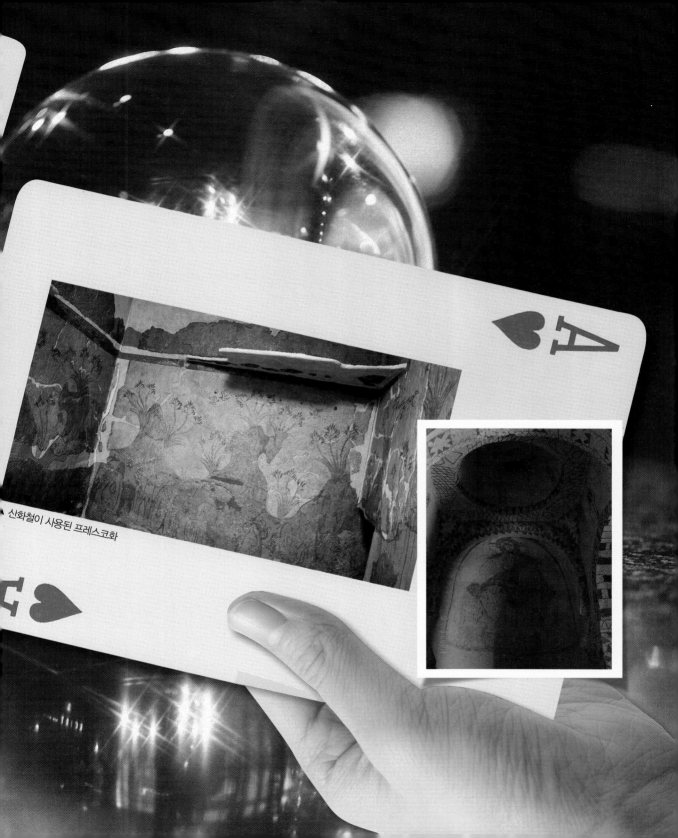

산화철이 사용된 프레스코화

금보다 비싼 붉은 벌레

Le kermès

Cet insecte a longtemps donné la teinture rouge la plus prestigieuse. Mais, à partir du XVIᵉ siècle, l'invasion du marché par la cochenille mexicaine entraîna son rapide déclin. Seul nous en est resté le vocable vermillon, du latin vermi-culus, ou petit ver.

préparation   teinture

▲ 케르메스와 빨간 염료를 소개하는 책의 표지(왼쪽)와 빨간색 직물(오른쪽)

동물성 염료는 빨간색에 대한 사람들의 욕구를 달래 줄 수 있었다. 붉은 색의 시대를 연 천연 재료는 다름 아닌 벌레였다. 지중해 근방 사철푸른관목에 붙어사는 완두콩만한 크기의 벌레 '케르메스(연지벌레)'가 그 재료였다.

터키의 콘스탄티노플 점령으로 비잔티움 제국이 멸망하면서 부와 권위를 상징하는 퍼플레드를 제조하는 기술이 사라지게 된 뒤, 새로운 부와 권위의 상징으로 빨강이 주목을 받았다. 퍼플레드만큼이나 빨간색을 만들기 위한 과정이 까다로웠기 때문이다. 자연히 빨간 염료의 가격은 하늘 높은 줄 모르고 올라갔고, 빨간색은 최고급 직물을 물들이는 데만 사용되었다.

케르메스의 암컷은 나뭇잎에 붙어 살다가 빨간 액체로 가득 찬 알을 낳고 그 위에서 죽는다. 사람들은 이것을 나무에서 긁어내고, 건조한 후에 곱게 가루를 내어 사용했다. 1킬로그램의 케르메스 염료를 얻기 위해서는 14만 마리의 벌레가 희생되어야 했다. 케르메스로부터 추출한 염료는 햇볕에도 바래지 않아서, 세월이 지날수록 엷은 분홍색이 되는 가시달팽이 천연염료와는 질적으로 차이가 있었다. 케르메스에서 나온 빨강은 '카민(carmine)'이란 성분이다.

빨간 뿌리, 꼭두서니

케르메스보다 조금 값이 싼 빨강 염료는 '꼭두서니'라는 식물의 뿌리에서 추출된다. 꼭두서니는 노란색 꽃이 피는 식물로 뿌리를 햇볕에 말리면 빨갛게 색이 변하며 이것을 가루를 내어 보관하면 시간이 갈수록 색이 더욱 아름다워진다.

하지만 꼭두서니는 염색하기가 매우 어려운 색소 재료이다. 명반을 매염제로 사용하는데 대략 17번의 작업 과정이 필요하며, 꼬박 열흘이 소요되었다. 특히 명반은 이집트나 터키에서 수입한 것이어서 꼭두서니 값이 싸도 결국 염색 과정에 드는 비용 때문에 빨갛게 염색된 직물은 비쌌다.

꼭두서니에서 나온 빨강의 성분은 알리자린(Alizarine)이다. 꼭두서니는 주로 아랍과 터키 등지에서 재배하는 것으로 아랍에서 식물을 칭하는 '알리자리(Alizari)'에서 유래한 것이다.

▲ 꼭두서니

꼭두서니는 처음에 터키 등지에서만 재배되었으나, 16세기에 들어서는 네덜란드 농부들도 꼭두서니를 재배했다. 이후 영국, 프랑스 등에서 널리 재배되었고, 유럽 사람들은 누구나 빨간 옷을 입을 수 있을 정도로 빨간 직물값이 내렸다.

코치닐의 발견

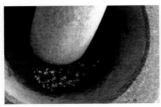

▲ 코치닐 추출 색소가
들어간 딸기맛 우유

빨간색 옷의 값이 내린 데에는 꼭두서니의 재배 외에도 아메리카 대륙의 발견이 한몫했다. 아메리카 대륙이 발견된 이후, 신대륙의 여러 자원들이 유럽으로 유입되었는데 그중 하나가 코치닐(cochineal)이었다. 코치닐은 선인장에 기생하는 빈대만한 작은 벌레이다. 이 벌레의 암컷을 손으로 눌러 터뜨리면, 빨간 액체가 나온다.

코치닐 염료의 성분은 카민으로, 케르메스 벌레에서 나오는 것과 같다. 코치닐 염료는 케르메스 벌레에서 나오는 것보다 그 농도가 열 배나 더 진한 액체여서 유럽인들에게 큰 환영을 받았다. 그러나 코치닐로 염색한 직물은 햇빛에 그리 강하지 않다는 단점이 있었다. 코치닐을 선호한 것은 화가들이었다. 색이 매우 진하고 아름다웠기 때문이다.

지금도 멕시코에서는 이 벌레를 선인장 밭에서 기른다. 벌레의 먹이인 선인장 밭을 계속 유지해야 하므로 5개월 동안은 벌레를 풀어놓았다가 일일이 손으로 다시 잡아서 상자에 넣고, 3개월 정도 선인장이 회복되기를 기다렸다가 다시 벌레를 풀어놓는 일을 반복한다.

21세기 전 세계 여인들은 이 벌레의 피로 입술과 뺨을 물들였다. 아이새도의 붉은 색에도 이 벌레의 피가 들어간다. 그리고 체리콜라와 딸기맛 우유에도 이 벌레가 들어간다는 사실!

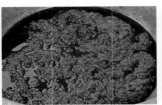

▲ 코치닐을 빻아서 터뜨린다.

▲ 직물(비단이나 가죽 등 동물성 섬유의 염색)을 담근다.

▲ 코치닐로 염색한 털실

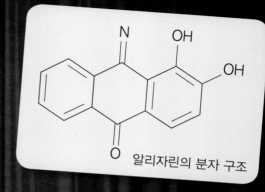
알리자린의 분자 구조

▲ 알리자린

빨간색 합성염료의 탄생

빨간색의 합성은 현재 글로벌 화학 재벌로 유명한 독일의 바스프(BASF)사에 의해서 이루어졌다. 바스프사는 꼭두서니의 뿌리에서 얻어지는 매더 레드의 성분인 알리자린을 합성을 통해서 얻어내는 방법을 발견했다. 바스프사의 알리자린 합성은 우연한 발견에 의한 것이 아니라 합성을 목적으로 철저한 연구와 실험 끝에 성공한 사례이다. 1869년 바스프사의 클레베, 리베르만, 카로 세 사람은 알리자린의 공업적 제조에 관한 특허를 내고 일을 시작했다. 자주색 모브를 합성한 퍼킨도 알리자린을 합성했으나 특허 신청을 이들보다 하루 늦게 냈다.

처음에 합성한 알리자린은 킬로그램 당 14만 원 정도로, 3만원 정도였던 천연 꼭두서니보다 가격 경쟁력이 떨어졌다. 초기엔 꼭두서니를 재배하던 프랑스 농민들은 느긋한 마음을 지녔다. 하지만, 독일 합성염료의 가격이 자꾸 내려가자, 프랑스는 군복바지를 빨간색으로 하는 등 천연염료의 수요를 더욱 늘리며 자구책을 마련했다. 하지만, 결국 1886년 독일산 합성 알리자린 염료 가격은 킬로그램 당 4,500원으로 내려갔고, 프랑스 농부들은 꼭두서니 재배를 포기할 수밖에 없었다. 그들은 꼭두서니를 재배하던 밭에 포도를 대신 심었다고 한다. 현재 생산되는 빨간색 직물은 합성 알리자린으로 염색하고 있으며, 코치닐 벌레에서 나오는 천연염료는 립스틱에 주로 들어간다.

3. 신비한 색, 블루 이야기

'깊고 푸른' 바다, '높고 푸른' 하늘, 상감청자의 '오묘한' 비취색……. 파란색은 깊고 진중하며, 모든 것을 포용할 수 있을 것 같은 관대함과 신비로움을 가진 색이다. 색이 가진 깊이만큼 자연에서 파란색을 얻어 내는 방법을 찾기란 깊고 어두운 미로를 헤매는 것과 같이 쉽지 않았다. 그러나 현재 파란색은 '청바지'라는 하나의 혁명과도 같은 패션 아이콘을 떠올리게 할 만큼 대중적인 색이 되었다.

가난뱅이의 그림

▲ 미켈란젤로 부오나로티, 〈그리스도의 매장〉, 1507

왼쪽 그림은 미켈란젤로의 미완성 작품 〈그리스도의 매장〉이다. 오른쪽 아래 빈 자리는 왜 남겨진 것일까?

우선 그림에 나온 사람들이 누구인지 살펴보자. 그리스도가 매장되기 전에 옆에 있었던 사람은 요한, 막달라 마리아, 그리고 성모 마리아이다. 주황색 옷을 입은 사람이 요한, 오른쪽에 서 있는 검은 옷의 여인이 막달라 마리아라면, 결국 빈자리는 성모 마리아를 위한 공간이었을 것이다. 그런데 화가는 왜 성모 마리아를 그리지 못했을까? 르네상스 시대에 성모 마리아의 성스러운 의상을 채색할 수 있는 것은 값비싼 파란색 안료, 즉 울트라마린뿐이었다. 당시 20대의 청년 화가였던 미켈란젤로는 아마도 그 비싼 안료를 구하지 못했을 것이다.

막달라 마리아의 옷도 칙칙한 갈색으로 보이지만, 그릴 때는 파란색이었을 것이다. 그 이유는 안료에 있다. 막달라 마리아의 옷이 값이 싼 아주라이트(azurite, 남동석)로 칠해졌기 때문이다. 아주라이트는 값이 싼 만큼 안정성이 떨어지는 안료로, 시간이 지남에 따라 색이 바랜다. 그림 중에 가장 선명한 옷을 입은 사람은 주황색 옷을 입은 요한이다. 그것은 황화수은 II(HgS)로 그려져 있기 때문에 그나마 변색이 덜한 것이다.

▲ 티치아노, 〈바쿠스와 아리아드네〉, 1522~1523. 비슷한 시기를 살았던 화가 티치아노의 그림은 〈그리스도의 매장〉과 비교되는 매우 아름다운 파란색을 보여준다. 위 그림에서 볼 수 있는 선명하게 푸른 하늘은 바로 울트라마린으로 칠한 것이다.

'바다 저편'에서 온 색, 울트라마린

오귀스트 르누아르, 〈우산〉, 1885 ▶
이 작품에 쓰인 파랑은 처음에는
코발트블루였으나 후에
울트라마린으로 바뀌었다.

울트라마린의 원재료는 청금석(lapis lazuli)이다. 청금석은 짙은 파랑에 하얀 줄이 나 있고, '바보들의 금'인 황철석(pyrite)이 섞여 마치 파란 보석에 금이 점점이 박혀 있는 것으로 보인다. 주로 금광이나 은광에서 발견된다.

청금석은 인도양, 카스피 해, 흑해의 건너편인 칠레, 잠비아, 시베리아, 아프가니스탄에서 생산된다. 바다 건너에서 전해온 색이라는 뜻으로 '울트라마린'이라 불렸다. 긴 여정을 따라 수송되어 유럽으로 들어왔기에 값은 비쌀 수밖에 없었다. 특히 탈레반 정권 이후 입국이 어려워진 아프가니스탄에서 생산되는 질 좋은 청금석은 더더욱 얻기 어려워졌다. 울트라마린 중 최상급은 킬로그램 당 1,500만 원에 달한다. 다른 파란색과는 달리 매우 빛나는 파란색이기 때문에 엄청나게 비싼 것이다.

청금석을 이용해 울트라마린을 만드는 방법은 간단하다. 곱게 빻은 청금석 가루에, 수지나 밀랍, 고무나 아마인 기름 등을 섞고 반죽하고, 3일 정도 지난 후 이 덩어리를 양잿물(재를 담궈 위의 물만 뜬 것)에 넣고 막대기로 반죽을 계속 저으면 된다. 이때 나온 파란 액체는 다른 통에 붓고 다시 다른 양잿물을 넣어 과정을 반복하면 되는데, 반복될수록 불순물이 많이 나오므로 처음에 나온 파란 염료가 가장 최상급이다. 청금석 가루를 고무용액과 섞으면 수채화물감, 기름과 섞으면 유화물감, 밀랍과 섞으면 크레용이 된다.

파란색 합성염료의 탄생

18세기까지 울트라마린은 매우 비싼 안료였다. 원석인 청금석은 준 보석이었으므로 이 보석으로 만드는 안료는 거의 금과 같은 가치를 지녔었다. 그러나 1806년 프랑스의 끄레망과 데솔므가 울트라마린의 조성($Na_8Al_6Si_6O_2S_2$)을 밝혀냄에 따라 저렴한 울트라마린의 시대가 시작된다.

사실 저렴하게 울트라마린을 얻을 수 있는 방법은 현상공모를 통해 발명되었다. 1824년 프랑스의 산업진흥회가 울트라마린의 합성법 발명에 대해서 6천 금 프랑의 현상금을 걸었던 것이다. 조건은 킬로그램 당 300프랑 이하의 금액을 들여 합성해야 한다는 것이었다. 그리고 드디어 4년이 지난 1828년, 프랑스의 장 바티스트 기메가 이 상금을 받았다. 1834년 독일 풋파타르에는 레박스가 세운 울트라마린 제조공장이 생겼고, 이 공장은 1862년 라인 강 근처로 옮겨졌다. 이 공장은 훗날 아스피린으로 유명해진 독일의 바이엘사이다.

울트라마린의 제조법은 다음과 같다. 도자기의 원료인 카올린(점토에 많다)을 황, 탄산소다, 석영, 환원제 등을 섞어서 800℃로 가열한다. 이 때 혼합 비율이나 온도를 변화시키면 여러 가지 색을 얻을 수 있다. 보통은 청색이지만, 녹색이 나오기도 하고, 염화암모늄을 처리해서 자색을, 염산을 처리해서 울트라마린 적색을 얻기도 한다. 합성된 것은 킬로그램 당 1만 원에서 3만 원 정도로 판매된다. 최고급 자연산이 1,500만 원 정도의 가격인 것에 비하면 매우 저렴하다. 값이 내려간 만큼 일반화될 수 있었다. 요즘에는 준 보석인 청금석도 합성으로 만들어지고 있다.

고흐가 사랑한 코발트블루

1775년에는 코발트블루가 생산되었다. 코발트 광석에서 얻는 이 색은 약간 붉은 빛이 감도는 강렬한 톤의 파랑이다. 페르시아가 원산지인 코발트블루는 울트라마린처럼 비싸지는 않아도 귀한 안료였다. 지금도 코발트의 주 생산지는 옛 페르시아인 이란이다. 코발트는 처음에 도자기나 유리에 청색을 낼 때 사용되었다. 아래 사진에서 보듯이 페르시아 시대의 이슬람 사원인 모스크는 코발트를 유약에 넣어 만든 파란색 타일로 장식을 했다. 하늘을 상징하는 색이기 때문이다.

이후 코발트블루는 루이 자크 서나드 등 여러 과학자의 노력으로 안료가 되어 화가들이 사용할 수 있게 되었다. 특히 코발트블루는 네덜란드 화가 빈센트 반 고흐가 애용했다. 많은 이들의 사랑을 받는 고흐의 작품 〈오베르의 교회〉나 〈밤의 카페 테라스〉를 보면 코발트블루를 이용한 강렬한 느낌의 하늘이 잘 표현되어 있다.

▲ 모스크의 타일 장식

▲ 빈센트 반 고흐, 〈오베르의 교회〉, 1890

빈센트 반 고흐, 〈밤의 카페 테라스〉, 1888 ▶

우연히 만든 프러시안블루

1704년 헤르 디스바흐는 빨간색 카민을 만들기 위해 코치닐 가루에 백반과 황산철을 섞었는데, 마지막에 들어갈 알칼리액(잿물)이 없었다. 디스바흐는 요한 콘라드 디펠이라는 화학자에게 결국 알칼리액을 빌려 사용했는데, 플라스크에는 그가 만들고자 했던 짙은 다홍색이 아닌 파란색 침전물이 생겼다.

디스바흐가 우연히 발견한 이것은 바로 철이 들어간 새로운 파란 염료 '프러시안블루'(페로시안화철)이다. 프리드리히 빌헬름 1세(1620~1688년) 시대에 프로이센 군대는 대청으로 염색한 진한 청색 군복을 만들어 입었는데, 여기에 착안하여 프러시안블루라는 이름이 붙여졌다.

프러시안블루는 훗날 설계도 복사에 쓰였다. 1844년 화학자이자 천문학자인 존 허셜은 설계도를 기름종이에 그린 다음 페로시안화칼륨 등을 바른 감광지 위에 놓고 빛을 쏘이면, 설계 그림으로 가린 부분은 그대로 흰색이지만, 빛에 쏘인 부분은 파랗게 변한다는 사실을 알아내었다. 빛의 작용으로 페로시안화칼륨이 철 성분으로 바뀌었기 때문이다. 그 후 이것은 '청사진(blue print)'이라고 명명되었으며, 설계도면 작업에 이용되었다.

▲ 프러시안블루

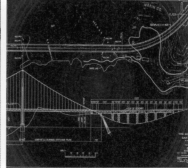

▲ 청사진

가장 오래된 인디고

울트라마린이 바다 건너편에서 온 파랑이면, 인디고는 인도에서 온 파랑이다. 인도에서는 약 5,000년 전부터 인디고 식물을 재배했다고 한다. 인도인들은 이것을 '진한 파란색'이라는 뜻으로 '닐라(nila)'라고 불렀다. 이후 1800년대 중반, 화학자들은 타르를 원료로 검은색의 색소를 제조하고는 이 파란색을 뜻하는 닐라에서 착안하여 '아닐린(anilin)'이라고 불렀다. 검정색 색소에 '파랑색'이란 뜻의 이름을 붙인 것은, 인디고(닐라) 합성이 화학자들의 숙원일 만큼 인디고가 전 세계적으로 많이 쓰이는 색소였기 때문이다.

인류는 아주 오래전부터 파란 색소, 인디고를 사용했다. 중국에서도, 이집트에서도(왕족의 미라를 인디고 염색을 한 아마포로 감쌌다), 유럽의 켈트족도(전쟁 전에 몸에 바르면, 적군에게 위협도 주고, 이후에 입게 되는 상처를 치유하는 효과를 얻었다), 중앙아시아 인(카펫을 염색할 때 사용했다)도 그리고 인디언들도(얼굴에 바르거나 문신을 그리는 데 사용했다), 사용한 식물의 종류는 다르지만 모두 인디고 색소였다. 우리나라에서는 전통염색 중에서 쪽을 이용한 염색이 바로 인디고 색소를 사용한 염색이다.

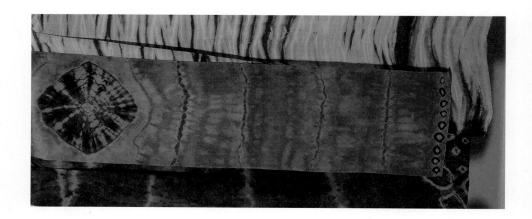

대청에서 얻은 인디고

중세 유럽에서는 '대청(大靑)'에서 인디고를 얻었다. 사람들은 작은 노랑꽃이 피는 대청의 긴 잎에서 색소를 얻었다. 독일의 카를 대제(768~814년)는 나라 곳곳에 대청을 심도록 하는 등 국가산업으로 장려했다.

대청잎은 구하기 쉽지만, 그것에서 염료를 얻는 것은 매우 지독히 냄새나는 일이었다.

커다란 염색통에 마른 대청잎을 넣고 환원제로 사용할 오줌을 잎이 잠길 만큼 넣으면 햇빛 아래에서 발효하면 알코올이 생긴다. 이 알코올에 인디고 색소가 녹아나오는 것이다. 오줌 대신 술을 이용해도 된다. 그렇게 8일 정도 오줌이 증발될 때마다 술과 오줌을 보충하면서 더 발효시킨다. 이 액체에 곰팡이가 슬기 시작하면 염색할 직물을 넣는다. 이때까지는 파란색 대신 노란색이 나타나지만, 이것을 깨끗한 오줌으로 빨아 다시 햇빛에 말리면 파란색이 나타난다. 약 2주 정도의 시간이 걸리는 인디고 생산 작업은 냄새가 난다는 것을 제외하면 다른 색을 염색하는 것보다는 쉬운 작업이었다. 나중에는 대청잎을 말려 곱게 빻은 다음 오줌과 술로 반죽하여 둥근 덩어리를 만들어 햇빛에 말렸다. 이 덩어리를 필요할 때마다 오줌에 담가 염색에 사용한 것이다.

사실 대청의 색소는 인디고보다 분자가 큰 '인디칸'이다. 이것이 염색과정 중에서 효소와 알칼리(오줌)에 의해 가수분해되고, 햇볕에 말리는 과정에서 공기 중의 산소에 의해 산화되면서 인디고 색을 띠게 되는 것이다.

블루진을 탄생시킨 싸구려 염료 인디고

울트라마린은 매우 비싼 안료였기 때문에, 옷감 염색에는 쓰이지 않았다. 대신 옷을 파랗게 염색하는 것은 쪽이나 대청에서 나오는 인디고 색소를 이용하였다. 인디고 염료로 염색한 옷은 가격이 싼데다가 염색한 옷을 빨고 햇빛에 말리면 점차 색이 바래 가난한 사람이나 노동할 때 입는 옷이 되었다(현재도 육체노동을 하는 사람들을 블루칼라라고 한다).

대청으로 염색을 하면 뿌연 파랑이 나오는데 이것으로 염색한 천으로 만든 옷은 하인이나 머슴이 입었다. 아마도 먼지가 묻어도 잘 보이지 않았기 때문이었으리라. 이런 옷은 빨면 빨수록 색깔이 빠져서 파란색은 거의 회색으로 보인다. 이런 색 바랜 파랑이 최근 들어서는 빈티지라는 멋진 패션 스타일로 주목을 받고 있다.

1850년 바이에른(지금의 보헤미아 지방)의 리바이 스트라우스는 금광 노동자와 카우보이를 위한 작업복으로 청바지를 고안했다. 청바지의 푸른색은 인디고로 염색한 것이다. 당시 인디고는 제네바의 상인들이 수입, 공급했기 때문에 인디고는 '제네바 상인의 파랑(bleu de genes)'이라고도 불렸다. 청바지는 튼튼한 미국산 목면에 값이 저렴한 인디고로 염색한 것이어서, 쉽게 해지지도 않고 때가 잘 보이지도 않는 효율적인 작업복이 되었다.

▲ 블루진

1873
Adoption on two symbol...

LEVI STRAUSS & CO.

▲ 리바이 스트라우스

진짜일까, 가짜일까

메헤렌은 1943년 베르메르의 그림을 위조하여 나치 사령관인 괴링에게 팔았다. 제2차 세계대전이 연합군의 승리로 끝난 뒤, 유럽에서는 나치가 강탈해 간 예술품들에 대한 회수 작업을 대대적으로 벌였다. 그 과정에서 나치의 사령관 헤르만 괴링의 아내 집에서 네덜란드의 국보급 회화들이 발견된다. 그중에는 네덜란드 최고의 화가로 손꼽히는 얀 베르메르의 그림도 있었다. 괴링이 소유한 그림들의 유출 경로를 추적하다보니 나치에게 그 그림들을 팔아 넘긴 인물로 화상인 반 메헤렌이 지목되었다. 메헤렌은 곧 국보급 문화재를 매국노에게 판 반역자로 재판에 회부됐다. 재판에 회부된 메르헨은 자신이 괴링에게 팔았던 그림들이 진품이 아닌 위작이라고 폭탄선언을 한다. 반역죄보다는 위조죄의 형량이 가벼웠기 때문이다. 메르헨은 〈그리스도와 회개하는 여인〉은 자신이 1943년 베르메르의 작품을 위조한 것이라고 자백한다. 그는 자신의 주장을 증명하기 위해 직접 위조하는 모습을 보여주기까지 했다. 그는 위조죄로 1년 형을 선고 받았다. 이후 네덜란드 여론은 적국 독일을 감쪽같이 속인 그를 국민적인 영웅으로 치켜세웠다.

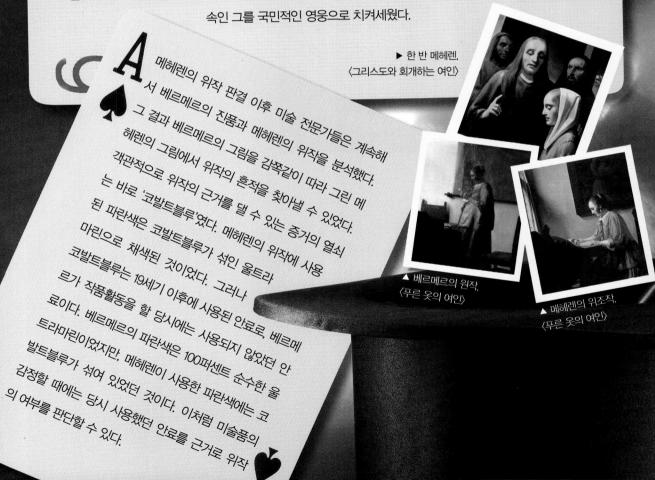

▶ 한 반 메헤렌,
〈그리스도와 회개하는 여인〉

메헤렌의 위작 판결 이후 미술 전문가들은 계속해서 베르메르의 진품과 메헤렌의 위작을 분석했다. 그 결과 베르메르의 그림을 감쪽같이 따라 그린 메헤렌의 그림에서 위작의 흔적을 찾아낼 수 있었다. 객관적으로 위작의 근거를 댈 수 있는 증거의 열쇠는 바로 '코발트블루'였다. 메헤렌의 위작에 사용된 파란색은 코발트블루가 섞인 울트라마린으로 채색된 것이었다. 그러나 코발트블루는 19세기 이후에 사용된 안료로, 베르메르가 작품활동을 할 당시에는 사용되지 않았던 안료이다. 베르메르의 파란색은 100퍼센트 순수한 울트라마린이었지만, 메헤렌이 사용한 파란색에는 코발트블루가 섞여 있었던 것이다. 이처럼 미술품의 감정할 때에는 당시 사용했던 안료를 근거로 위작의 여부를 판단할 수 있다.

▲ 베르메르의 원작,
〈푸른 옷의 여인〉

▲ 메헤렌의 위조작,
〈푸른 옷의 여인〉

영국의 천연 인디고
vs. 독일의 합성 인디고

자주색 모브의 합성, 빨간색 알리자린 합성, 그리고 녹색까지 화학적으로 합성이 되었지만, 파란색의 합성은 1800년대 후반까지도 여전히 큰 과제였다. 그리고 마침내 1868년이 되어서야 교사였던 아돌프 베이어가 인디고를 합성해냈다. 다만 안타깝게도 당시에는 인디고를 합성하는 정확한 과정은 자세하게 밝혀내지 못했다. 그러나 이후 1883년 베이어는 화학교수가 되었고, 인디고의 화학식이 $C_{16}H_{10}N_2O_2$임을 알아냈다. 베이어는 인디고의 화학 구조를 밝혀낸 공로를 인정받아 1905년 노벨화학상을 수상한다.

베이어의 발견 이후 바스프(BASF)사는 수천억 원의 돈을 들여 인공 인디고를 만드는 데 공을 들였다. 회사 전체 자본금과 맞먹는 돈을 연구에 투자했기 때문에 회사의 주주들이 이를 모두 반대했지만 말이다. 많은 사람들이 인공 인디고의 개발을 반대한 또 다른 이유는 천연 인디고와의 가격 경쟁력 때문이었다. 당시 인도에서는 농부들을 하루 한 줌의 쌀만을 주고도, 하루 종일 인디고 생산에 매달리게 할 수 있었다. 독일 회사의 합성 노력에 대항해, 인디고 수입국인 영국은 인도 농민들의 노동력을 더욱 착취하여 천연 인디고의 공급 가격을 점점 낮추었다.

▲ 천연 인디고 생산을 위해 일하는 인도의 농부들

하지만 합성 인디고가 생산된 지 15년 만에 천연 인디고는 철저히 패배했다. 왜냐하면 합성 인디고의 품질은 그해 날씨와도 상관없었고, 수확량과도 상관없었다. 홍수가 나도 가뭄이 나도 햇빛이 많았건 적었건 언제나 그대로 공급되었고, 품질도 모두 같았다. 처음 합성 인디고가 나온 1897년에 천연 인디고는 1만 톤, 인공 인디고는 600톤이 팔렸지만, 1911년에 천연 인디고는 860톤, 독일의 인공 인디고는 2만 2000톤이 팔렸다.

독일의 인디고 무역량 변화(단위 : 백만 마르크)

년도	독일의 수입액	독일의 수출액
1895	21.5	8.2
1903	1.2	25.7
1913	0.4	53.3

독일의 합성 인디고 무역량은 해가 지날수록 수출액이 증가했다.

K♠

천연염색 : 쪽염색

준비물

니람 40그램, 수산화나트륨 30그램, 글루코오스 30그램, 물 10리터
* 니람 : 말리지 않은 쪽 색소 추출액을 말한다. 니람을 말린 것은 건람이라고 한다. 건람은 20그램이면 된다. 각종 염색재료는 제기동 경동시장에 가면 쉽게 구할 수 있다.

실험 방법

1 물 10리터에 니람, 수산화나트륨, 글루코오스를 넣고 95도씨로 가열한다.
* 글루코오스가 없으면 물엿 3스푼, 생막걸리 3스푼을 넣는다.
2 20분간 온도를 유지하면서 발효시킨다. 이때 용액은 강한 염기성(pH 12)이므로 조심한다.
3 불을 끄고 30도씨가 될 때까지 가만히 둔다. 발효되면서 색이 누렇게 된다.
4 속성 발효된 이 염료에 무명, 삼베, 모시 등 헝겊을 20분 정도 담근다. (장갑 필수!)
5 이것을 공기에서 10분 동안 말린다.
6 20분 담그고 10분 말리는 과정을 4회 반복하고 충분히 씻어서 말린다.
7 천을 주방용 세제에 삶아 빤 후, 식초를 섞은 물에 헹구면 색이 오랫동안 지속된다.

▶쪽물은 강알칼리성이어서 무명, 삼베, 모시 등의 셀룰로오스 섬유를 염색할 때 많이 이용된다. 제대로 발효된 쪽으로 물을 들이면 색이 잘 빠지지 않으나, 충분히 헹궈주지 않으면 가만히 두어도 탈색, 변색된다. 변색을 막기 위해서는 흐르는 물에 2~3일 담궈 알칼리 성분을 완전히 빼야 한다.

도자기의 색

고려청자, 분청사기, 청화백자는 모두 도자기의 색에 따라 붙여진 이름이다. 도자기가 지닌 특유의 색깔은 그 도자기가 만들어진 시대의 예술적인 수준과 기술, 기법을 보여 주기도 한다. 완성도가 높은 도자기의 색은 그것을 만든 사람 외에는 흉내를 낼 수 없을 정도이다. 이런 색깔은 어떻게 만들어지는 것일까?

도자기의 색은 기본적으로 점토 성분과 유약 성분에 따라서 달라지는데, 일단 한번 구워진 도자기의 색은 영원히 변하지 않는다. 같은 점토와 유약을 사용해도, 어떻게 굽느냐에 따라 구성 금속원자의 산화 상태가 달라지므로 색깔도 달라진다. 때문에 같은 재료와 기법을 사용해도 만든 사람이나 가마의 상태 등 여러 조건에 따라 색이 다르다.

▲ 상감청자

01

▲ 청화백자

▲ 백자

도자기를 구울 때, 높은 온도로 산소를 많이 공급하여 구우면 산화반응이 일어난다. 특히 철이 함유된 점토를 구우면 산화철이 되면서 붉은 색이 도는 회색 자기가 된다. 반대로 산소 공급을 줄이면 불완전 연소가 일어나고 가마 안은 일산화탄소로 가득 차게 된다. 일산화탄소는 다른 산화물로부터 산소를 빼앗 아 이산화탄소가 되어 날아가게 된다. 즉 산소를 빼앗기는 환원반응이 일어난다. 산화철을 함유한 붉은색의 자기를 이런 가마에 넣으면, 산화철은 산소를 빼앗기고 그 색이 녹색으로 변하게 된다. 이것이 비색청자라고 불리는 중국의 도자기이다. 유약에 철분이 약 1.5퍼센트 정도 함유되어야 이런 비색이 나오 고 이보다 함량이 많거나 적으면, 적색에서 갈색, 검은색 등 여러 가지의 색이 나온다.

점토성분, 유약, 그리고 가마의 온도가 같더라도 도자기의 색을 좌우하는 것은 또 있다. 바로 연료이다. 남쪽 지방은 나무를 연료로 쓰지만, 추운 지방에서 는 석탄을 태워 도자기를 구웠다. 이에 따라 지역마다 특유의 자기가 생성된다. 우리나라의 상감청자는 12세기 무렵부터 생산된 것인데, 그 방법은 중국의 비색청자와 비슷하지만, 그 색은 파란색이 좀 더 강하다.

이외에 빨간색 무늬를 넣는 것은 금이나 동을 섞은 유약을 바르는 것이다. 백자 역시 유약을 바르는데, 산화나 환원이 되면서 다른 색으로 발현되기 쉽기 때문에 가장 만들기 어려운 것이 바로 백색 자기이다.

4. 옐로 & 그린 이야기

노란색은 풍요와 생명력의 상징이다. 노란색은 우리에게 〈해바라기〉로 잘 알려진 빈센트 반 고흐가 사랑했던 색깔이기도 하다. 노란색은 생명의 아름다움과 맞닿아 있는 색이다. 황금빛의 일렁거림은 삶에 대한 애착과 생명을 가진 것들에 대한 경외심을 불러일으킨다. 노랑이 자연의 약동하는 생명력을 은유한다면, 초록색은 조용하고 차분하게 숨을 내쉬며 생명을 속삭인다. 하지만 그 이면에는 명장 나폴레옹을 죽음에 이르게 한 무시무시함이 숨겨져 있기도 하다.

황제의 색, 노랑

▲ 중국황제

중국에서 노란색은 풍요를 상징한다. 곡식을 길러내는 비옥한 땅 '황토'와 황토가 많은 강 '황하'는 중국인이 자랑하는 풍요로움의 상징이다. 비록 지금은 '황사'가 되어 여러 사람에게 고통을 안겨주고 있지만 말이다.

또 중국에서 노란색은 황제의 색이었다. 로마에서 자주색이 그랬던 것처럼, 중국에서 빛나는 노랑은 황제만이 누릴 수 있는 특권이었다. 1906년에 태어난 중국 마지막 황제 푸이는 이렇게 회고했다. "어린 시절을 돌아보면 모든 것이 노란 베일에 감싸져 있다. 지붕의 기와도 노랑, 가마도 노랑, 방석도 노랑, 내 옷, 모자, 안감, 허리띠, 커튼도 노랑, 먹고 마시는 그릇과 잔도 노랑, 책 표지, 말의 고삐도 노랑이었다."

소의 오줌으로 만든 인디언옐로

▲ 크리슈나 신

중국뿐 아니라 인도의 크리슈나 신 역시 노란색 옷을 입고 있는 것을 볼 수 있다. 크리슈나 신이 입은 빛나는 노란색 옷은 '인디언옐로'라는 안료로 칠한 것이다. 이것은 인도에서 생산되었는데, 투명하고 강한 발색력을 가진 노란색이어서 수채화에 많이 사용되었다.

인디언옐로는 망고 잎을 억지로 먹인 소의 오줌으로 만든다. 소는 망고 잎을 싫어해서 먹이기 위해서는 일부러 입을 벌리고 밀어 넣어야 한다. 게다가 망고 잎을 많이 먹이기 위해 소에게 물도 주지 않았다. 소에게 오줌을 얻어 내기 위해 소의 비뇨기를 문질러 오줌을 일부러 많이 배출하게 했고, 여기에 길들여진 소는 아무 때나 소변을 배출했다. 이렇게 얻은 소의 오줌을 끓이고 남은 물질을 흙과 섞어 뭉친 것이 인디언옐로다.

그러나 이 색소는 현재 더 이상 생산되지 않는다. 인도와 방글라데시가 분리되면서 힌두교를 믿는 방글라데시 사람들이 소를 신성시함에 따라, 소를 학대해서 만드는 인디언옐로가 더 이상 만들어지지 않게 된 것이다. 또한 유럽에 인디언옐로를 만들기 위한 동물 학대의 과정이 알려지면서, 인디언옐로의 제조는 완전히 사라졌다. 현재는 합성물질이 그것을 대신하고 있다.

황금 대신 사프란을!

▲ 사프란 향료

땅에서는 자주색, 시장에서는 붉은색, 식탁 위에서는 노란색인 천연재료가 있다. 바로 사프란 (saffron)이다. 사프란은 봄에 피는 크로커스 식물의 꽃에서 얻는다. 자주색 꽃 안에서 진홍색 암술대만 따서 사용하는 것이라서 어느 시대에나 가장 비싼 것이었다. 성경에 금박을 입히고 싶어도 형편상 그럴 수 없는 가난한 화가나 예술가들은 금 대신 사프란을 사서, 달걀 흰자 위에 섞어 사프란의 노란색을 칠했다. 하지만, 사프란의 노란색은 진하지만 안정적이지 않아서, 안료나 염료로는 많이 사용되지 않았다. 오히려 향신료나 약품으로 사용되었다.

사프란은 차로 마시면 원기회복이 되고 성욕을 자극해 클레오파트라는 남자를 유혹하기 전에 사프란으로 목욕을 했다고 한다. 하지만 사프란을 과량을 복용하면 불면증에 걸리기 쉽고, 심할 경우 불임을 일으킨다.

크로커스 ▶

크롬옐로와
카드뮴옐로

▲ 루이 보클랭, 1763~1829

▲ 크롬옐로

인디안옐로나 사프란의 암술대로 만드는 노란색 안료들은 값도 비싸고 동물학대 등의 이유로 비판을 받아야 했다. 더욱이 두 안료는 안정성이 떨어져 색이 바래지 않는 노란색 안료를 사용하려는 화가들의 마음을 어둡게 했다. 이런 화가들에게 새로운 노란색 안료로 등장한 것이 크롬옐로이다.

크롬은 1797년에 프랑스 화학자인 루이 보클랭이 발견했다고 전해진다. 당시 그는 시베리아에 있는 베레소프 금광에서 솟아오르는 광천을 연구하고 있었다. 그는 그 근처에서 발견된 광물에 크롬이 들어 있다는 것을 발견했는데, 광물의 색깔을 연구한 결과 주로 오렌지 노랑(orange-yellow)에서부터 오렌지 빨강(orange-red)까지 다양했다. 그가 발견한 광물의 성분이 요즘에 와서야 크로사이라는 광물의 크롬산납의 형태라는 것이 알려졌지만, 그 당시에는 그 화학적 조성이 알려지지 않았다. 크롬옐로는 크롬산염이 주성분인 황색 염료이다.

1809년 프랑스에서는 바르 지역에서 새로운 채취 장소가 발견되어, 이 광물은 유럽에서 즉시 유용하게 사용되었다. 몇 해 지나지 않아, 사람들은 이전에 사용되던 노란색 안료들보다 더 색깔이 오래 지속되는 이 안료를 더욱 가치 있게 생각하게 되었다. 1809년 보클랭은 실험실에서 크롬산납을 만들 때 필요한 최적의 조건을 실험으로 알아냈다.

크롬옐로는 납과 유황을 함유한 유독성 물질이고, 안정성도 크지 않다. 그럼에도 가난한 화가들은 크롬옐로의 값이 훨씬 저렴해서 많이 사용했다. 반 고흐가 그림을 그릴 때 쓴 노란색이 바로 크롬옐로이다. 고흐가 그린 해바라기는 지금 거의 갈색으로 변해 있어서 좋은 물감을 쓰지 못한 가난한 화가의 비애를 느낄 수 있다. 그에 반해 카드뮴옐로는 가장 안정적인 노란색 색소이다. 값도 크롬옐로보다 세 배나 비싸다. 현재 쓰이는 노란색 물감의 원료는 거의 다 카드뮴옐로이다.

빈센트 반 고흐, 〈해바라기〉, 1888 ▶

말라카이트그린,
유독물질인가 색소인가?

▲ 말라카이트

말라카이트(malachite)는 공작석을 갈아 만드는 것으로 구리의 탄산염이다. 이것을 처음 안료로 사용한 사람은 이집트인이었다. 이집트인들은 말라카이트를 이용해 그림을 그리기도 하고, 콜(검정색, 안티몬 분말)처럼 눈두덩이 위에 바르기도 했다. 말라카이트를 바르면 창백한 녹색이어서 예쁘기도 했지만, 햇빛을 차단해 주는 효과가 있어 아이섀도와 선글라스 역할을 동시에 했다.

말라카이트그린은 견, 양모, 가죽 등 각종 섬유와 목재, 종이, 잡화 등의 염색에 널리 사용되었다. 이 염색은 세탁할 때의 마찰에 강하지만 햇빛과 알칼리에는 약하다.

한편 말라카이트그린은 얼마 전 양식 장어나 향어에서 검출되어 큰 이슈가 된 적이 있다. 말라카이트 그린은 저렴한데다 물속의 곰팡이를 억제하는 데 효과가 좋아 양식장이나 양어장에서 많이 사용되었다. 그러나 1990년대 초 이 물질이 발암 물질로 의심받기 시작하면서 양식장에서의 사용은 금지되었다. 어항의 소독약으로는 현재도 사용되고 있다.

구리의 녹을 이용한 녹청

구리를 공기 속에 방치하면 습기와 이산화탄소가 구리와 반응하여 염기성 탄산구리가 된다. 이것을 녹청이라고 한다. 오래된 청동기에서 볼 수 있는 것과 같이 고르게 녹청이 낀 구리는 그 이상 부식되지 않는다. 조직이 치밀하여 내부를 보호하기 때문이다. 녹청은 산과 암모니아에 녹고, 200도씨에서 분해되며 유독하다. 구리에 아세트산의 증기를 작용시켜서 얻은 염기성 아세트산구리도 녹청이라 할 수 있다. 이들은 모두 청색 또는 녹색 안료로 사용된다. 녹청은 얇은 구리조각을 포도주를 발효시킨 식초에 넣으면 바닥에 녹색 침전물이 생기는데, 이를 안료로 사용하는 것이다. 얀 반 에이크의 〈아르놀피니 부부의 초상〉에서 부인의 화려한 녹색 드레스는 바로 이 녹청을 칠한 것이다. 하지만, 이 녹청은 쉽게 변색되는 단점이 있다. 그래서 다른 화가들이 그림에서 사용한 녹청은 모두 검정색으로 변했다. 하지만 에이크는 니스를 칠해서 녹청의 변색을 막았다. 그래서 '얀 반 에이크'를 녹청의 명칭으로 쓰기도 한다.

▲ 얀 반 에이크, 〈아르놀피니 부부의 초상〉의 일부, 1434

죽음을 부른 벽지의 색

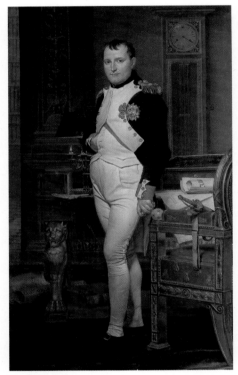
▲ 나폴레옹

1821년 나폴레옹이 51세의 나이로 세인트헬레나 섬에서 죽었다. 한때 위풍당당했던 영웅이 몇 개월간 갑자기 시름시름 앓다가 죽으니 여러 가지 추측이 나올 수밖에 없었다. 의사들은 사인을 위암으로 보았지만, 어떤 이들은 우울증이 원인일 것이라 했고, 또 다른 이들은 독살일 것이라고 생각했다. 그러던 중 사후 경매장에서 나폴레옹의 머리카락이 나왔다. 140여 년 후인 1960년에는, 그중 한 올의 머리카락이 분석되었는데 독극물인 비소가 검출되었다. 나폴레옹의 독살설에 힘을 실어주는 결과였다.

그러던 중 1980년 어느날 영국 뉴캐슬 대학교의 데이비드 존스 박사는 한 라디오 프로그램에서 "만약 나폴레옹이 사용한 방의 벽지를 분석할 수 있다면, 그의 사인을 가려낼 수 있다"고 말했다. 그가 이런 말을 한 것은 벽지에 사용하는 안료 때문이다.

녹색을 나타내는 안료 중에는 스웨덴 학자 셸레가 만든 구리와 비소 화합물 '셸레의 녹색(scheele's green)'이 있다. 셸레는 1775년 이 녹색 안료에 대한 특허를 냈지만, 그 안료에는 비소의 강한 독성이 포함되어 있어 사용을 자제해야 한다고 생각했다. 하지만 제조업자들은 안이한 생각으로 이 안료를 벽지에 사용했고, 그로 인해 비소 중독 사고가 생겨나기 시작했다. 요양 차 묵은 호텔에서 사람들이 비소 중독으로 죽거나, 실내 장식가가 갑자기 경련을 일으켰다. 녹색 방에 갇힌 고양이의 온몸에 진물이 나고, 초록 벽지를 바른 방에서 살던 아이가 갑자기 병이 났다. 한동안 이들의 죽음을 벽지와 연관시키지 못하다가 1897년 이탈리아 생화학자 고시오(Gosio)가 이 초록 안료와 비소 중독 사이의 관계를 밝히면서 갑작스런 의문사들이 해명되었다.

▲ 나폴레옹이 묵었던 방의 녹색 벽지(위)와 셜리 브래들리의 편지 (아래)

데이비드 존스 박사는 셸레의 녹색 안료가 발라진 벽지는 독성이 매우 강해서 습하고 더운 세인트헬레나 섬에서는 이 안료의 비소 증기가 더 많이 나왔을 것으로 추정했다. 만약 벽지에 '셸레의 녹색' 안료가 칠해져 있다는 것만 확인할 수 있다면 그는 나폴레옹의 머리카락에서 검출된 비소 성분의 출처를 알아낼 수 있고, 독살 여부를 알 수 있다고 했다.

그런데 며칠 후 너무나도 우연히 셜리 브래들리(Shirley Bradley)라는 여인에게서 편지와 일기 한 권이 도착했다. 그 일기는 매우 오래된 것으로 매우 사적인 시와 기도가 적혀 있었다. 그 일기의 주인공은 1823년 세인트헬레나 섬에서 보았던 내용을 매우 자세히 적었다. 심지어 그때 나폴레옹이 머무른 방에서 몰래 찢어온 벽지 한 조각을 소중하게 붙여 놓았다. 이 꽃 문양은 갈색과 녹색이 섞여 있는데, 갈색은 원래 금색이었던 것이 바랜 것이다. 데이비드 존스는 일기를 기증한 사람의 허락을 받아 분석했고, 벽지에 사용된 녹색이 바로 비소가 함유된 셸레의 녹색이라는 것을 밝혔다. 나폴레옹의 머리카락에 있던 비소 성분의 비밀이 밝혀지는 순간이었다.

5. 블랙 & 화이트 이야기

달의 여신을 연상시키는 흰색과 어두운 밤을 연상시키는 검정색, 이 두 색은 정반대의 색이지만, 늘 함께 다닌다. 마치 어둠이 없으면 빛이 없듯이 말이다. 절망 혹은 집요한 우울을 떠올리게 하는 검정색, 이 색은 손쉽게 구할 수 있었던 것처럼 여겨지지만, 실제로 검은 옷이 등장하기까지는 오랜 시간이 걸렸다. 세련된 도시에 빠져서는 안 되는 색으로 자리 잡은 검정색과 흰색의 결코 밋밋하지도, 지루하지도 않은 이야기를 들어보자.

인류 최초의 연필, 목탄

▲ 목탄

처음으로 인류가 그림을 그릴 때 무엇으로 그렸을까? 주된 도구는 바로 나무를 태우고 남은 숯, 목탄이었다. 알타미라 동굴 등의 고대 벽화를 보면 목탄으로 밑그림을 그리고 흙으로 색칠한 것을 볼 수 있다. 목탄은 고대부터 사용된 것이지만, 이것을 전문적으로 생산한 것은 1950년대의 일이다. 버드나무 사업을 하던 퍼시 코츠라는 영국인이 있었다. 어느 날 그는 병상에 누워 플라스틱 바구니에 밀려 망해가는 자신의 사업을 어떻게 할지 고민하며 벽난로에 남아 있는 재들을 바라보고 있었다. 쓸모없어진 버드나무를 잔뜩 태운 재 가운데에는 막대기 모양이 그대로 남은 검은색인 것도 있었다. 문득 그는 그 검은색 막대기를 들어 바닥에 떠오르는 생각들을 써 보았다. 그러던 그는 벌떡 일어났다. 갑자기 좋은 아이디어가 떠오른 것이다! 목탄! 버드나무가 은근히 타면서 탄소만 남으면 아주 훌륭한 미술재료가 됐던 것이다. 그는 이제 자신의 재산을 태우면서 돈을 벌 수 있게 된 것이다. 하지만, 최고의 목탄을 만들어 내는 것은 쉬운 일이 아니었다. 여러 가지 온도에서 태운 숯은 품질이 매우 달랐다. 결국 코츠는 다년간의 실험을 통해 최고의 목탄 제조기술을 알아냈다. 그의 목탄은 각광을 받아 요즘도 영국의 학교에서는 코츠 회사의 목탄을 많이 쓴다.

우린 그냥 연필을 쓰는데요!

1960년대 미국우주항공연구원(NASA)은 수백만 달러를 들여 우주공간에서도 사용할 수 있는 필기구 개발에 전력을 기울였다. 무중력 상태에서 잉크가 내려오지 않아 볼펜을 사용할 수 없었기 때문이다. 고심을 거듭하던 미국 우주비행사들이 러시아 우주비행사에게 자존심을 누르면서 물었다. "당신들은 우주에서 도대체 어떤 필기구를 씁니까?" 러시아 비행사가 대답했다. "우리는 그냥 연필을 쓰는데요!"

▲ 연필

▲ 니콜라스 콩테(1765~1805)

우주공간에서도 쓸 수 있는 이 훌륭한 필기도구 연필의 주재료는 흑연이다. 연필(鉛筆)의 '연'은 납을 의미하지만, 연필에는 납이 없다. 물론 처음 사용하던 연필에는 납이 들어 있었다. 연필은 16세기 이전부터 사용된 것 같다. 에스파냐 사람들이 남아메리카를 정복할 당시 아즈텍 사람들이 회색의 크레용을 쓰고 있었다는 기록이 있다. 하지만, 요즘처럼 나무사이에 흑연을 넣은 것은 17세기에 들어서 이루어졌고, 요즘과 같은 형태는 18세기 말 한 프랑스 사람에 의해 발명되었다. 니콜라스 콩테라는 사람은 흑연과 점토를 섞어 여러 가지 품질의 연필을 만들었다. 그후 부드럽고 진한 것부터 단단하고 흐린 것까지 다양한 연필이 등장했다. 점토가 많을수록 딱딱해서 'Hard'의 첫 이니셜인 H가 붙고, 흑연이 많을수록 검정색이 진해서 'Black'의 첫 이니셜인 B가 붙는다. 9H ……H, HB ……4B ……9B까지.

▲ 툴루즈 로트렉, 〈Madame Palmyre with Her dog〉, 1897

그밖에도 검정색을 만드는 방법은 매우 다양하다. 램프의 그을음을 모으면 '램프 블랙'이라는 색깔이 된다. 이것은 약 3,000년 전부터 사용된 방법이다. 또, 상아를 태워서 만들면, '아이보리 블랙'이라는 색이 된다. 둘 다 탄소가 주성분이지만, 다른 구성 성분으로 인해 각각 특성이 다르고 색의 톤도 다르다.

먹이나 잉크는 약 4,000년 전부터 중국과 이집트에서 사용되었다. 둘 다 그을음을 모아서 만든 것이다. 최고의 먹을 얻기 위해 예전 중국에서는, 병풍을 둘러친 밀폐된 방에서 일일이 등잔에 기름을 붓고 심지에 불을 붙인 후 그을음을 모았다. 연기가 가득한 방안에서 콧바람에도 날아가 버리는 그을음을 세밀한 깃털로 모으는 작업은 매우 고통스러운 것이었다.

검정색의 왕, 오배자

연필이 아무리 쓰기 간편해도 옷감을 연필로 칠할 수는 없다. 그러면 옷감을 검은색으로 물들일 때 어떻게 했을까?

옷감을 검은 색으로 물들이는 데 쓰는 주된 염색법으로는 오리나무 껍질을 사용하는 방법이 있다. 껍질을 잘게 썬 다음 물에 끓여서 염색에 사용하는 것이다. 값이 싸고 손쉬운 방법이긴 했으나 품질이 낮아서 검정보다는 어두운 회색으로 염색이 되었다. 결국 이 방법은 가난한 사람들의 옷 염색에만 사용되었다.

진한 검정을 나오게 하는 방법에는 오배자를 사용하는 방법이 있다. 말벌(몰식자벌)이 나무줄기나 잎 속에 알을 낳으면, 알이 애벌레가 되면서 나무는 자신을 보호하기 위해 스스로 부풀어 혹처럼 생기게 되는데, 크기가 5배 정도로 불어난다 해서 오배자이다. 이것은 탄닌이 그 주성분이어서 애벌레로 완전히 부화하기 전에 이 혹을 긁어내어 말려 가루를 내면, 온도에 따라 갈색과 검정을 낼 수 있는 염색제가 된다. 가장 품질 좋은 것은 참나무에 생긴 혹으로, 이는 수백 년 동안 염색제와 필기용 잉크 재료로 사용되었다. 진한 검정색은 유럽에 인디고가 들어오면서, 인디고 파랑으로 염색한 직물을 다시 오배자 검정으로 염색하는 방법을 통해 비로소 얻을 수 있었다.

▲ 검정색을 만드는 재료, 오배자 ⓒ 난나라

하얀 웨딩드레스의 기원

▲ 고야, 〈결혼식〉, 1791~1792년

▲ 피터 브뤼겔, 〈농부의 결혼잔치〉, 1568

결혼식 때 웨딩드레스를 입고 흰색 면사포를 쓰는 것은 19세기에 들어와서 생긴 풍습이다. 그 이전에 신랑 신부는 그저 가지고 있던 옷 중에서 가장 좋은 옷을 골라 결혼식에 입었다. 그만큼 직물과 염색이 비쌌기 때문이다. 영화 〈로미오와 줄리엣〉에서도 줄리엣은 결혼 전날 유모와 함께 잠시 옷장을 들여다보고 내일 무엇을 입을지 고른다. 1500년대에는 당연한 일이었다. 1850년대에도 이런 전통은 그대로 이어졌다. 소설 『제인에어』를 보면 가정교사인 그녀가 가진 옷은 단 세벌이었다. 여름옷, 겨울옷, 교회 갈 때 입는 옷. 따라서 평범한 사람들인 농민들은 교회에 갈 때 입는 옷을 결혼식날 입었고(대부분 회색이었다), 그나마 돈이 많은 시민들은 검정색 비단옷을 입었다. 하지만 돈이 많은 사람들조차도 결혼식 후 이 검정색 비단 웨딩드레스를 고쳐서 파티복으로 재활용했다. 결국 결혼식 하루만 입는 옷은 메디치가나 영국 왕실 정도 되는 사람들만 누리는 사치였다.

흰색 웨딩드레스를 처음으로 입은 사람은 빅토리아 여왕이다. 1840년 알베르트 왕자와 결혼한 빅토리아 여왕은 이색적으로 흰색 드레스에 흰 면사포를 썼다. 지금은 당연한 것이었지만 그 당시에 신부가 레이스로 얼굴을 가리는 것은 너무나 생소하고 특이한 것이었다. 당시 여왕은 영국의 레이스 산업을 지원하고자 이런 디자인을 한 것이었지만, 오늘날에는 흰색 드레스와 하얀 면사포는 신부의 상징이 되었다. 1800년대 이후 직조기술이 많이 개발되어서 흰색 천의 가격이 많이 낮아진 것도 흰색 웨딩드레스의 유행에 일조했다.

▲ 1840년 빅토리아 여왕은 흰색 웨딩드레스를 입고 알베르트 왕자와 결혼했다.

▲ 검은 웨딩드레스

그래도 1900년대 초까지 신부의 사진을 보면 대부분 검정색 드레스에 면사포만 흰색을 쓰고 있는 것을 볼 수 있다. 여전히 옷 가격이 비쌌기 때문이다.

하얀 웨딩드레스 ▶

세상에서 가장 유명한 흰색 집, 백악관

▲ 백악관

▲ 도버해협

▲ 파르테논 신전

미국의 대통령 관저를 'White House'라고 부른다. 말 그대로 '흰색 집'이란 의미이다. 그렇다면 '백악관'이라고 부르는 이유는 무엇 때문일까? 그 해답은 이 건물을 칠한 흰색 페인트의 성분에 있다. '백악'은 분필(chalk)을 말한다. 이것은 백색 안료의 이름이기도 하고, 회백색의 석회암을 의미하기도 한다. 석회암은 조개의 껍데기에서 나온 석회질이 오랜 시간동안 다져져서 생긴 암석이다. 그래서 백악이라는 흰색 안료는 바닷가에서 많이 발견된다.

영국 도버해협의 절벽은 모두 백악으로 이루어져 흰색의 장관을 이룬다. 고대 그리스 건물의 흰색도 이 백악을 사용한 것이다. 이것은 다른 흰색 안료와 달리 세월이 지나도 색이 변하지 않는 장점이 있다. 미국인들은 유럽을 선망한다. 그리스를 선망한 미국인들은 고대 그리스의 건물처럼 대통령 관저도 흰색으로 칠해지길 원했다. 결국 매년 10만 킬로그램의 석회가 백악관에 사용되며, 내부의 목조 부분은 2,000킬로그램의 연백으로 칠해지고 있다.

위험을 방지하는 똑똑한 흰색, 티탄백

▲ 티탄백을 이용한 도로 표시선

자동차 사용이 많은 현대에는 밤에도 잘 보이는 도로 표시가 매우 중요하다. 도로의 차선이나 표지판은 밤에도 매우 잘 보이도록 하는데, 이때 사용된 것이 티탄백이다. 티탄백, 즉 산화티탄(TiO_2)은 20세기에 등장한 흰색 안료이다. 그 이전에 사용된 백색 안료를 대체할 만큼 안정적이고 뛰어난 백색이어서 그림, 페인트, 도로 표시선에까지 모든 분야에서 각광받고 있다. 특히 도로 표시는 미세한 유리 알갱이(지름 < 0.1밀리미터)를 같이 섞어 사용하면 자동차의 헤드라이트 빛이 잘 반사된다. 밤에 헤드라이트를 비추었을 때 횡단보도의 흰색이 반짝거리는 것은 이 티탄백 때문이다.

치명적인 독, 연백

▲ 제임스 맥닐 휘슬러, 〈하얀색 교향곡 – 제5번 하얀 소녀〉, 1862

유럽의 화가들이 가장 좋아하던 흰색 안료는 연백이다. 정물화에서 하이라이트를 표현하는 데 이만한 백색 안료가 없기 때문이다. 그런데 연백은 납 성분을 포함하고 있기 때문에 독성을 가지고 있다.

연백의 제조 방법은 다음과 같다. 식초를 넣은 용기 위에 얇은 납 조각을 걸어 놓는다. 용기 뚜껑을 닫고 용기 주변에 분뇨를 쌓아 두른다. 분뇨가 발효되면서 발생하는 열에 의해 식초가 증발하고, 이때 식초 증기와 납이 반응해서 나오는 흰색가루가 염기성 탄산납이다. 이것을 말리면 연백이 완성된다. 오일이나 밀랍과 섞으면 안료가 된다. 하지만 이 안료는 제조하는 공장 노동자에게는 물론, 사용하는 화가에게까지 치명적인 독이었다. 특히 피부에 바르거나 코로 들이마시면 바로 독이 되었다.

화가 휘슬러는 멋진 작품 〈하얀색 교향곡–제5번 하얀 소녀〉를 그렸지만, 그 하얀색 안료 때문에 앓아눕고 말았다. 그는 작품을 그리는 내내 납 증기를 마시며 서서히 기력을 잃었던 것이다. 하지만 연백이 주는 투명하고 생생한 매력 때문에 아직도 화가들은 위험을 무릅쓰고 연백을 사용한다. 독성을 지닌 연백의 위험성 때문에 사용이 금지되면서 19세기의 유명한 물감회사인 윈저 & 뉴턴사는 아연백(ZnO)이라는 아연 산화물로 만든 흰색안료를 발명해 팔기 시작했다. 하지만 그 가격이 연백에 비해 4배나 비쌌기 때문에 가난한 화가들은 여전히 연백을 사용했다.

연백은 심지어 화장품에도 사용되었다. 1870년대 한 화장품회사는 'bloom of youth'라는 파운데이션을 판매했다. 피부를 맑고 하얗게! 하지만 1877년 이 화장품을 꾸준히 사용한 한 주부가 납 중독으로 사망하면서 연백의 위험성이 다시 알려졌다. 사실 연백은 고대부터 사용된 화장품이다. 로마와 이집트의 사람들, 일본의 게이샤들은 모두 연백이 포함된 분으로 피부를 하얗게 표현했다. 특히 게이샤의 화장은 오배자와 식초로 치아를 검게 물들이고, 피부는 새하얗게, 입술은 작고 빨갛게 칠하는 것이 특징이다. 연백으로 인해 납 중독이 된 이들은 차츰 불면증에 시달리고, 뺨에서는 붉은 기운을 찾을 수 없으며, 다리에 경련이 일고, 호흡이 어려워 실신했다고 한다.

연백안료는 물과 쉽게 반응해 안정성이 없다. 중국의 둔황석굴의 벽화는 연백의 탄산납이 황화납으로 바뀌어 불상의 얼굴이 온통 검정색으로 변했다. 사실 둔황석굴은 연백 외에도 빨간색으로 황화카드뮴인 버밀리언 레드, 노란색으로 황화비소인 웅황, 초록색으로 녹청 등 가장 안정성이 떨어지는 안료를 사용해서, 그 색이 대부분 변하고 훼손되었다.

그러나 납 성분이 포함된 연백으로 그린 그림은 X선 분석에 아주 용이하다. 납 때문에 X선 분석 결과가 선명하기 때문이었다. 즉, 연백 때문에 그림이 훼손되기도 하지만, 그 연백 때문에 그림 복원이나 그림이 그려진 과정을 밝히는 것이 쉬워지기도 한다.

▲ 일본의 게이샤들은 연백이 포함된 분으로 얼굴을 하얗게 칠했다.

▲ 둔황석굴

♠ 화장품의 모든 것

고대 사람들이 사용하던 화장품은 거의 독극물 리스트에 가까웠다. 얼굴을 화장할 때 바르는 분은 연백이고, 입술이나 볼에 바르는 루주나 연지는 붉은인과 황화수은이었다. 또 눈에 사용하는 아이섀도나 마스카라에는 황화비소와 황화안티몬이 들어 있었다. 이런 화장품들에는 납, 수은, 비소, 안티몬과 같은 금속 성분이 들어 있어 독성을 지녔다.

광물은 주로 색조화장품에 많이 쓰이고, 기초화장품이나 미백화장품에도 소량 사용된다. 하지만 아무 광물이나 화장품에 쓰이는 것은 아니다. 화장품에 들어가는 광물은 우선 인체에 무해하고 피부에 골고루 펴지며, 얼룩 없이 잘 붙어 있어야 하고, 땀과 피지에 의해 뭉쳐지지 않으며, 향료나 화장품에 들어가는 다른 물질과 반응해서도 안 된다. 또한 자외선 차단 효과가 있어야 한다.

검정 마스카라

마스카라의 기원은 영혼을 보호하고 질병을 막기 위한 것이었다. 중동 지방에서는 아직도, 여자는 물론 남자와 아기들까지, 검정색 마스카라(콜)를 눈언저리에 바른다. 햇빛에 의한 눈부심을 막고, 먼지나 모래바람으로부터 눈을 보호하는 기능이 있다. 중동에서 사용하는 마스카라는 콜(kohl) 이라고 하는데, 악령으로부터 자신을 보호하기 위해 바른다고도 한다. 콜은 안티몬과 황의 화합물이다.

알록달록 아이섀도

여러 가지 색이 사용되는 아이섀도에는 들어가는 광물도 많다. 산화철은 무궁무진한 색의 원천이다. 화장품에서 주로 사용하는 색은 흑색, 적색, 황색이다. 자철석(Fe_3O_4)은 흑색, 침철석($FeO \cdot OH$)은 황색, 적철석(Fe_2O_3)는 적색을 내는 원료이다. 남동석($Cu_3(Co_3)_2(OH)_2$)은 울트라마린의 원료로 보석으로 취급되기도 하지만, 가루를 내어 안료로도 쓰이고, 화장품에서는 파랑색을 나타낼 때 쓰인다. 산화크롬($Cr_2O_3 \cdot 9H_2O$)도 사용되는데 즉, 수화된 크롬산화물로 자연에서는 산화철과 섞인 형태로 나온다. 청녹색이고, 물이 없으면 어두운 올리브색이다. 초록색을 나타내는 데에는 공작석이 쓰인다. 여기에 있는 광물은 말라카이트라고 하는데, 구리의 탄산염($Cu_2CO_3(OH)_2$)이다. 이집트 때부터 눈 두덩이에 칠해서 화장효과는 물론, 햇빛 차단에도 사용했다. 석영도 아이섀도에 들어간다. 석영은 큰 결정이면 보석인 수정이 되지만, 자연에서는 미세한 입자로 존재하는 경우가 더 많다.

잡티를 가리는 파운데이션

피부의 잡티를 가려주는 파운데이션에는 점토 광물이 들어간다. 이들은 아주 미세한 입자를 가지고 있어 부드럽고 하얀 것이 특징이다. 대표적으로 고령토가 있다. 자기 원료이기도 한 고령토는 원래 원산지가 카올링이어서 '카올린'이라고도 한다. 고령토는 규산염으로 이루어진 얇은 판상이라 피부에 잘 붙고, 땀과 피지를 잘 흡수한다. 몬모릴로나이트라는 광물은 화산재와 응회암(화산재가 퇴적한 암석)이 변한 것으로, 물을 결정 층 사이에 흡수할 수 있고, 입자는 물에 미세하게 분산되어 콜로이드가 형성되도록 해서 액체형 파운데이션에 사용된다. 다른 광물이 용매에 잘 섞일 수 있게 도와주기 때문이다.

뽀송뽀송 파우더

파우더에는 광물 중 가장 강도가 약한 활석이 들어간다. 활석은 마그네슘이 들어간 규산염으로 잘 퍼지고 촉감이 매끈하기 때문에 대부분의 파우더 제품에 들어간다. 이외에도 파우더에는 운모와 방해석이 들어간다. 활석은 피부 부착성이 약하므로 판상조직인 운모를 약 20퍼센트 정도 섞어서 파우더가 피부에 잘 붙어 있도록 한 것이다. 주로 비단과 같은 광택을 가진 견운모가 많이 사용된다.

자외선을 차단하라!

자외선 차단제에는 어떤 광물이 들어 있을까. 대표적인 것은 금홍석으로 이 광물의 주성분은 티탄백, 이산화티탄이다. 이산화티탄은 빛과 열에 매우 안정적이고 다른 것과 반응을 전혀 하지 않아 화가의 물감부터 우주선 외장에 이르기까지 매우 다양하게 사용되는 광물이다. 화장품에 이산화티탄을 섞으면 자외선은 막아주고 가시광선은 투과하기 때문에 피부를 보호한다.

영양을 공급하는 팩

영양팩에 쓰이는 광물은 주로 진흙이다. 진흙에는 고령토, 견운모, 몬모릴로나이트 등의 광물이 매우 풍부한데, 이들 광물에서는 원적외선이 나온다. 원적외선은 적외선 중 5~10나노미터의 빛으로, 이중 6~14나노미터의 빛은 인간에게 매우 유익하다. 이 정도의 빛은 물과 단백질의 분자운동과 거의 진동수가 같아서 인체 깊숙이까지 도달하여 세포 내부의 분자 운동을 활성화시킨다.

먹을 수 있는 립스틱

립스틱은 사람이 섭취할 수 있기 때문에 대부분 유기물질을 쓴다. 코치닐에서 얻은 색소를 쓰거나 에오신(Eosin), 에리스로신(Erythrosine), 로다민(Rhodamine), 아마란스(Amaranth), 브릴리언 블루(Brilliant Blue) 혹은 타트라진(Tartrazine) 등의 합성 유기화합물을 사용한다.

04 색, 미래를 열다

거리를 수놓는 색색의 조명, 현란한 빛을 비추는 첨단 기기들, 우리의 눈을 사로잡는 가지각색 전광판들… 당신은 언제라도 기적을 만날 준비가 되어 있는가? 인간과 함께 발전하고, 진화를 거듭한 색들이 이제는 마치 인공지능이라도 달린 것처럼 '미래의 색'을 선보이며 우리를 향해 손짓하고 있다. 이 미래의 색들은 우리에게 뜨거움과 차가움을 알려주고, 심지어 비가 올지 안 올지도 알려준다. 자, 그럼 이제부터 미래의 색들이 펼쳐 보이는 마술쇼를 눈여겨보기로 하자.

1. 미래의 색, LED

다채로운 색으로 세상을 꾸미는 것은 인간의 기본적인 욕망일까. 색의 원리를 탐구하고, 색을 발견하고, 색을 만드는 인간들의 끊임없는 노력은 멈추지 않고 계속되고 있다. 미래의 도시가 어떠한 색채로 이루어질지 상상해 보라. 지금 보이는 것에 머무르지 말고 새로운 풍경을 창조할 만큼 더 폭넓게 말이다. 어쩌면 상상한 것 이상의 빛깔로 미래가 채워질지 모른다.

차세대 빛의 대표주자

미래를 수놓을 대표주자로 첫 손에 꼽히는 것은 발광다이오드 LED(Light Emitting Diode)이다. LED는 전구가 아니라 컴퓨터 속 반도체를 사용한 발광장치를 말한다. 아주 작은 램프가 고르게 배열되어 있어서 시간에 따라 꺼지고 켜지면서 영상이나 문자를 표시한다. LED라는 말에서부터 어려움을 느낄지 모르지만, 그럴 필요는 없다. 잠시만 주위를 둘러보면 이미 우리 생활 깊숙이 자리잡은 LED를 금세 찾을 수 있다.

▲ 남산타워를 빛내는 LED

2002년 월드컵 당시 시청 앞 광장으로 우리를 끌어들였던 대형 옥외 전광판, 남산 높은 곳에서 시시각각 다양한 색상으로 빛나는 남산타워, 높은 건물 위에 실시간 뉴스를 총천연색으로 보여주는 대형 전광판, 기차역에서 시간을 알려주는 전광판 등 이 모든 것에 LED가 이용되었다.

굳이 대형 게시판만 찾을 필요도 없다. 아주 가깝게는 마우스나 컴퓨터의 전원표시등에도 LED가 사용되고 있으며, 자동차의 내부 계기판, 도로 표지판, 야간 공사 현장 표시등, 휴대폰의 총천연색 숫자판에도 LED가 사용되고 있다. 새벽이나 야간에 근무하는 작업인부, 청소부, 경찰관 들을 위한 안전복에도 LED가 사용되고 있다.

LED 조명으로 화려한 독일 베를린 O2-World 건물의 내부 ▶

더 밝고, 더 오래 쓰고, 더 싸고, 덜 뜨거운 LED

이처럼 LED가 널리 사용되는 까닭은 다른 데 있지 않다. 기존의 전구보다 더 밝고, 더 오래 쓰고, 더 저렴하고, 덜 뜨겁기 때문이다.

즉, LED는 기존의 광원에 비해 효율이 높아 전력 소모가 적고 소형으로 만들기 쉽다. 수명이 최대 5만~10만 시간으로 백열등(1000시간)보다 훨씬 길고, 물 세척만으로 본래의 색을 유지할 수 있어 유지보수 비용도 적게 든다. 소비 전력은 백열등의 1/5~1/6 수준이다. 또 수은 등의 유해 물질이 포함되지 않아 친환경적이며 파손되더라도 화재 위험이 없다.

LED는 기술적인 한계만 하나하나 극복되기만 한다면, 기업이든 일반인이든 누구든지 환영할 만한 잠재력을 지닌 광원이라 할 수 있다.

138

우연히 등장해
세상을 밝힌 LED

▲ SiC를 이용한 LED

인류의 역사를 바꾼 발명품 가운데 우연히 만들어진 것이 많은 것처럼, LED도 우연히 만들어졌다. 1907년 미국의 라운드는 우연하게 SiC(사포에 쓰이는 카보런덤 carborundum)에 100V의 고압을 걸자 청록색 빛이 발생하는 것을 관찰했다. 이것이 최초로 발견된 LED라 할 수 있다. 하지만 원리를 알 수 없었던 라운드는 다만 그저 신기한 현상이라고만 생각했다.

LED가 빛을 발하기 위해서는 60여 년을 더 기다려야 했다. 1947년 반도체가 만들어지고, 1962년이 되어서야 비로소 실질적인 최초의 LED가 만들어졌다. 홀로냑이 'GaAsP'라는 반도체를 이용해 빨간색 빛을 내는 광원을 만들었던 것이다. 하지만, 이 최초의 LED는 당시 200달러를 넘을 정도로 가격이 높았다. 실생활에 사용되기엔 너무도 엄청난 가격이었다.

그러나 1968년 휴렛팩커드 사는 세계 최초로 LED로 화면을 제작했으며, 계산기 화면에는 빨간색 LED가 사용되었다. 물론 현재는 액정 LCD 화면이 그 자리를 대신하고 있다. 비단 빨간색 LED뿐 아니라, 이후에는 주황색, 초록색, 노란색 등의 LED가 개발되었다.

두 반도체가 만나는 곳, 에너지가 빛으로

그러면 LED는 어떻게 빛을 낼까? LED의 원리는 간단하다. LED는 전류가 흐르면 빛을 내는 반도체로 양과 음의 전기적 성질을 가진 두 화합물이 접합하여 전기가 흐르면 빛이 발생되는 원리를 이용하고 있다.

이해를 돕기 위해 LED의 구조를 한번 살펴보자. 두 개의 전극이 있고, 전극은 가는 금속선(보통 금이다)으로 연결되어 있다. 한쪽 전극에 LED 칩이 붙어 있고, 전극과 칩이 있는 부분은 수지로 덮어 씌워져 있다. 빛이 나오는 곳이 이 LED 칩이다. 이것은 반도체 두 개를 겹쳐놓은 것이다. 반도체에는 전자가 부족해서 빈 곳, 즉 정공이 있는 p형과 남는 전자가 있는 n형이 있다. 이 n형과 p형 반도체를 맞붙이고 전압을 걸어주면 전자와 정공이 움직이다가 서로 끌어당겨 만나면서 n형 반도체의 전자는 안정성을 얻는다. 이때 전자가 가지고 있던 에너지를 빛으로 내놓는데, 이것이 LED이다. LED는 전압을 걸지 않으면 이런 에너지 방출

금와이어 / 칩

양극
(anode)

음극
(cathode)

이 일어나지 않으며, 특히 에너지 대부분이 빛으로 변환되고, 열은 거의 발생하지 않는다. 때문에 LED는 에너지 효율이 매우 높은 광원이라 할 수 있다.

다양한 색으로 이끈 파란색 LED 발명

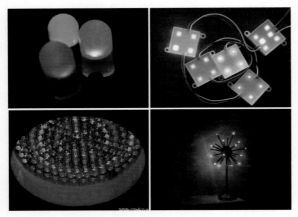

LED가 상용화되기 전, 과학기술자들을 머리 아프게 하는 기술적인 어려움이 하나 있었다. LED로 다양한 색을 만들 수 없었다는 점이었다. 이 부분만 해결하면 금세 모든 곳에 사용될 수 있었는데, 이 장벽을 깨기란 생각만큼 쉽지 않았다.

누구나 알듯이 빛의 삼원색은 빨강색, 초록색, 파란색(RGB)이다. 이 세 가지 색의 빛이 있어야 자연색을 표현할 수 있었는데, 빨간색 LED, 초록색 LED는 만들었지만, 파란색 LED는 만들기가 어려웠다.

카보런덤에서 나온 파란색 빛에서 LED의 역사가 시작되었지만, 정작 파란색 LED는 다른 색깔 LED보다 훨씬 나중에야 개발된 것이다. 파란색 빛은 파장이 짧고 전자와 정공의 에너지 간격이 매우 큰 것인데, 다른 파장의 빛보다 기술적으로 매우 만들기 어려웠다.

이 기술을 극복한 이가 바로 일본의 나카무라 슈지 박사이다. 나카무라 박사는 1993년 질화갈륨에 인듐을 섞어 파란색에서 초록색까지 얻을 수 있는 LED를 만들어냈다. 이것은 최초의 빨간색 LED가 개발된 지 30년이 지나고서야 얻은 성과였다. 이 파란색 LED가 개발되자, 상황은 이전과 확연히 달라졌다. 드디어 자연에 가까운 색의 표현이 가능하게 되었을 뿐 아니라, 표현이 불가능한 색이 없게 되었던 것이다. 당연히 LED의 사용 영역은 엄청나게 넓어졌다.

접합하는 화합물의 종류를 바꾸어 색깔의 조절이 가능해졌으며, 가시광선의 적색에서부터 보라색까지 모든 색을 표현할 수 있게 됐다. 적외선, 자외선을 내는 LED를 포함해 백색 LED도 만들어졌다. 백색의 경우 적(R)·녹(G)·청(B) LED 3개를 조합하거나 청색 LED에 형광체를 입혀서 구현하는 방법이 사용되었다.

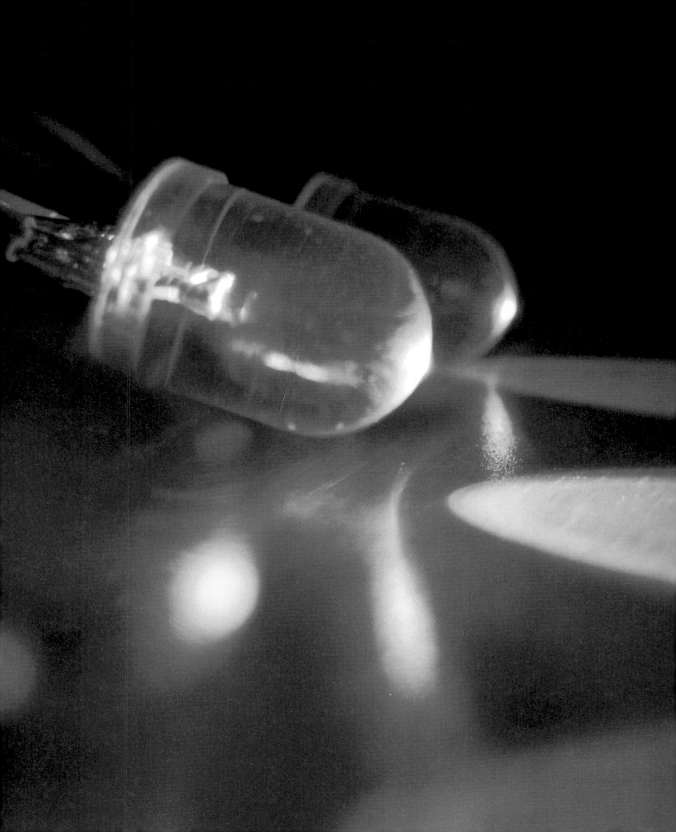

값비싼 백색 LED, 저렴해진다면?

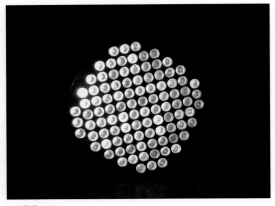

▲ 백색 LED

시간이 지나자, 아예 백색을 내는 LED도 개발되었다. 아직 백색 LED의 가격은 매우 비싸 실생활에서 자유롭게 활용되지는 못하지만, 앞으로 수년 안에 상용화가 되어 기존의 형광등, 백열전구를 대체할 수 있게 될 것이다. 더 밝고, 전력은 덜 사용하고, 한번 교체하면 최소한 50년을 쓸 수 있는데 누가 LED를 마다하겠는가. 물론 가격만 적당하다면 말이다.

이런 장점 때문에 많은 기업들은 LED 사업에 뛰어들고 있으며, 이 신종 사업은 매년 50퍼센트 이상 성장하고 있다. 더욱이 친환경적이기도 하다. 전력사용이 감소하여 발전소 건설에 사용되는 비용이 많이 줄어들고, 그로 인한 자연과 환경 피해도 같이 감소할 것이기 때문이다. 현재 전체 전기 사용의 약 1/4이 조명에 사용되고 있는데, 실제로 미국의 전구 사용량의 25퍼센트만 LED로 바꿔도 1,150억 달러가 절약된다고 한다. 이 양은 화력발전소 113개에 해당된다.

나카무라 슈지 中村修二, 1954.5.22 ~

나카무라 슈지는 일본의 과학자이다. 현재 미국 캘리포니아 샌타바버라 대학의 교수이다. 20세기에는 불가능하다고 생각되던 청색 LED를 세계 최초로 개발한 것으로 유명하다. 니치아(日亞) 화학에서 근무하던 1993년, 세계 최초로 청색 LED를 개발하여 니치아 화학의 연간 매출이 10억 달러가 넘는 데 크게 기여했다. 그러나 이런 공로를 세웠음에도, 회사가 제대로 대우하지도 않고, 특허 발명권도 회사에 귀속됨에 따라, 나카무라는 1999년에 니치아 화학을 퇴사하여 캘리포니아 샌타바버라 대학의 교수로 자리를 옮겼다.

나카무리 슈지 교수는 이후 2001년에는 니치아 화학에 청색 LED에 대한 특허권의 일부를 자신에게 양도하거나, 그것이 불가능하면 발명 대가로 20억 엔을 지급해야 된다며 법정소송을 벌였다. 이 재판은 2005년 8억 4천만 엔을 나카무라에게 지급하는 것으로 종결되었다. 이 금액은 일본에서 회사가 개인에게 지급한 역대 최고의 보너스였다.

A♠ "일본을 사랑하지만 일본의 시스템에는 실망했다."

나카무라 슈지의 사례는 기업에서 직무와 관련된 발명에 연구자의 기여를 어디까지 인정해야 하는지에 대한 논란을 불러일으켰다. 이후 종신고용과 연공서열로 상징되는 일본의 경직된 기업문화가 언급될 때마다 등장하는 사례가 되었다. 유럽이나 미국에서 이런 성과를 이루었으면 백만장자가 되었을 테지만 일본이었기에 적절한 대우가 뒤따르지 않았다는 비판이 여기저기에서 제기됐다. 나카무라 박사의 사례로, 일본에서 조직에 속한 개인 연구자들이 자신의 권리를 인식하게 됨에 따라, 이후 유사한 소송이 잇달았다.

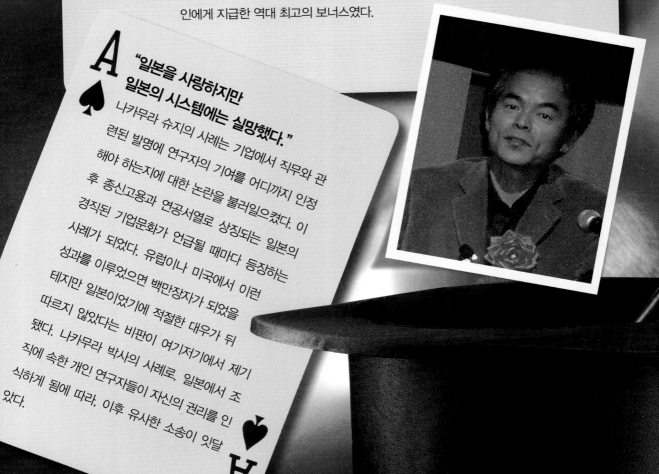

달라지는 신호등, 자동차, 전등, 모니터 …

요즘 따라 길거리의 교통신호등이 더 밝고 뚜렷해지지 않았는가. 자세히 보면 신호등이 작은 전구가 촘촘히 박혀 있는 LED로 바뀐 것을 볼 수 있다. LED는 전력 소모가 백열전구의 1/6이고, 수명은 약 5~10만 시간으로 거의 영구적이라고 할 수 있다. 그래서 교통신호등도 LED로 바꾸는 것이다. 가끔 꺼진 교통신호등 때문에 교통이 엉망이 되기도 했는데, LED 신호등으로 바뀌면 앞으로는 그런 풍경을 볼 수 없을 것이다. 게다가 기존의 백열전구 교통 신호등은 밝지가 않아서 밝은 대낮에는 빨간불이 켜졌는지, 꺼졌는지 구분이 잘 안 될 때가 많았지만, LED 신호등은 매우 밝아서 그럴 가능성이 훨씬 줄어든다.

신호등 뿐 아니라, 자동차의 변화도 눈여겨볼 만하다. LED는 밝을 뿐만 아니라 전기에 대한 반응 속도도 백열전구보다 1,000배 이상 빠르기 때문에 스위치에 재빨리 반응한다. 최근 고급 승용차의 브레이크등과 방향지시등이 유난히 밝게 느꼈다면 이는 제대로 본 것이다. 최근 들어 LED로 바꾼 승용차가 크게 늘었다. 정지 표시나 방향전환 표시를 재빨리, 그리고 매우 밝게 보여줘서 안전에 크게 도움이 되기 때문이다. 운전자가 브레이크를 밟았는데도 정작 브레이크등이 늦게 켜지거나 잘 보이지 않는다면 매우 위험하지 않은가. 앞으로 자동차의 전조등에 LED가 사용된다고 예측하는 것은 큰 무리가 아니다.

또한 다양한 형태의 자동차 디자인도 가능해진다는 전망이 대두되고 있다. 이제까지 둥근 원형 전구는 자동차의 디자인에 상당부분 제약으로 작용해왔다. 반면 LED는 크기가 매우 작기 때문에 다양한 모양이 나올 수 있는 것이다.

LED가 가정이나 사무실의 백열등이나 형광등을 대신할 날도 멀지 않을 것이다. 파란색 LED 개발로 빛의 삼원색인 세 가지 색의 LED를 한꺼번에 사용하면, 백

LED 신호등 ▶

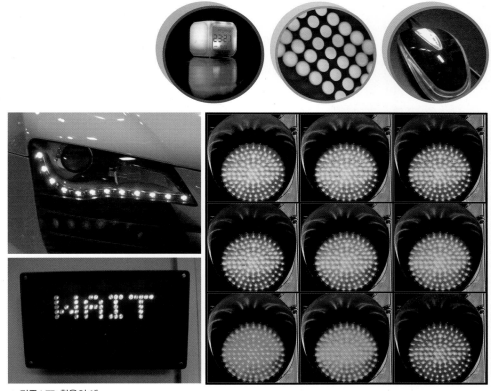

▲ 각종 LED 활용의 예

색등을 대체하는 빛을 만들어 낼 수 있기 때문이다. 게다가 LED를 활용한 조명은 다양한
색으로 변화시킬 수 있어 같은 공간을 다른 감각으로 표현할 수도 있다. 간단한 손전등조차
LED를 사용하면 건전지를 자주 갈 필요가 없어 더욱 편리해진다. 그러나 아직은 백색 LED
가 비싸기 때문에 상용화되기까지 시간이 좀 더 걸릴 듯하다.

LCD화면은 액정 뒤에서 빛을 비춰 화면을 구성하는 것인데, 이때 빛을 비춰주는 후광장치
도 요즘은 LED로 바뀌는 추세이다. 훨씬 자연에 가까운 색 표현이 가능하기 때문이다.

LED, 예술과 결합하다

LED가 주목받는 이유는 그것이 지닌 장식성 때문이다. 누구든 항상 같은 조명에 단조로움을 느낀다. 색깔을 계속 변화시킬 수 있고, 심지어 영상도 표현할 수 있는 LED에 건축가들이 눈을 돌리는 것은 어쩌면 당연하다. 어느 순간 LED는 세련된 건물의 내부 장식에서 빠질 수 없는 아이템이 되었다.

가령 두바이의 상징 버즈 알 아랍 호텔이나 건물의 외관을 LED로 장식한 우리나라의 갤러리아 백화점 등은 건축자재로 사용되는 LED의 모습을 단적으로 보여준다. 이들의 외관은 시시각각 변하는 조명 색깔로 사람들의 시선을 단번에 사로잡았다. LED로 건물 외장을 꾸밀 수 있는 이유는 열이 거의 발생하지 않기 때문이다. 네온사인으로도 여러 가지 색깔이 있는 빛을 표현할 수 있지만, 열이 많이 발생하기 때문에 건물 전체를 네온사인으로 뒤덮어 장식한다면, 전기 요금은 둘째치더라도, 건물 온도가 올라가서 그

▲ 버즈 알 아랍 호텔

안에서는 더워서 누구라도 일하기 힘들 것이다. 그러나 LED는 95퍼센트 이상의 효율을 가진 조명장치라서 거의 열이 발생하지 않고, 반도체가 들어 있으므로 컴퓨터로 조정이 가능하다. 건물 전체를 시시각각 색과 영상이 변하는 광고판으로 쓸 수 있는 것이다. 물론 저렴하게!

LED가 예술 작품에 사용된 경우도 많아졌다. 일종의 물감 대신이다. 단순한 조명장치가 아니라, 인간의 마음을 표현하는 빛의 도구가 된 것이다. 단순히 화폭에 물감으로 그리는 2차원의 예술이, 공간을 표현하는 3차원으로, 그리고 시간에 따라 색이 변화하는 4차원적인 미래적 LED 예술로 진화하고 있다.

▲ LED를 이용한 예술건축

2. 새로운 캔버스, 브라운관에서 OLED까지

과거에는 안료로 캔버스에 그림을 그렸고, 그보다 더 과거에는 동굴의 벽에 재나 석탄으로 그림을 그렸다. 그러나 요즘에 우리가 가장 많이 보는 그림은 여러 색의 빛으로 수놓아진 모니터 안의 영상 그림이다. 어떤 원리에 따라 우리의 눈을 현혹시키는 색들이 브라운관에 나타나게 되는지 궁금하지 않은가? 브라운관에서부터 시작된 디스플레이 기술의 역사, 이들은 어떻게 색을 나타내고 변해왔는지 살펴보기로 하자.

전자와 형광물질의 만남

영상을 나타내는 디스플레이의 원조는 브라운관이다. 브라운관은 음극에서 전자가 나오기 때문에 음극선관 또는 CRT(Cathode Ray Tube)라고도 한다. 1990년대 초까지는 TV, 컴퓨터 모니터에 모두 이 브라운관을 썼다. 브라운관 TV는 뒤로 많이 튀어나와 매우 무겁고 크다. 브라운관은 유리로 만든 진공 용기 안에 전자총이 있고, 전자의 방향을 바꾸는 편향계, 그리고 형광물질이 칠해져 있는 형광면으로 구성되어 있다. 그러면 브라운관에서는 어떻게 색을 나타낼까?

TV 화면에 물을 살짝 묻혀 보자. 그러면 빨강, 초록, 파랑의 점들이 무수히 박혀 있는 것을 볼 수 있다. 물론 돋보기로 봐도 이 삼색의 점들을 볼 수 있다. 즉 브라운관은 이 빨강, 초록, 파랑 점들을 섞어서 여러 가지 다양한 색을 표현하는 것이다. 마치 쇠라의 점묘화를 보는 듯하다. 단, 쇠라의 점묘화는 반사된 빛을 보는 것이므로 뿌옇고 흐리지만, TV는 방출되는 빛의 색을 보는 것이므로 색이 선명하고 맑다.

화면에 보이는 색깔 점에는 각각 빨강, 초록, 파랑으로 빛나는 형광물질이 칠해져 있는데, 전자총에서 나온 전자가 형광물질에 맞으면 빛나게 된다. 그런데 전자총에서 나온 전자빔은 한 번에 단 한 개의 점만을 비춘다. 조금씩 전자빔의 방향을 바꿔 가면서 화면을 비추는데, 대각

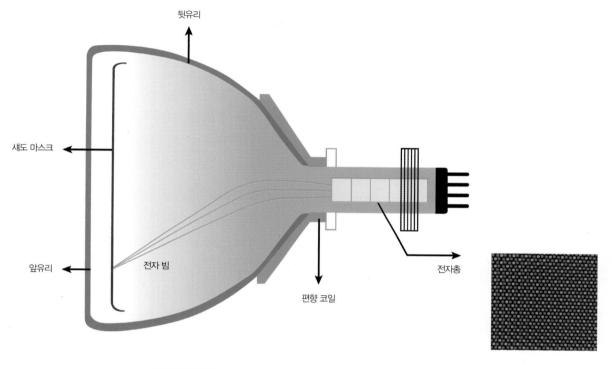

뒷유리

섀도 마스크

앞유리

전자 빔

편향 코일

전자총

▲ 브라운관의 구조

▲ TV 화면을 확대한 모습

선으로 이동하는 데에는 총 1/30초밖에 걸리지 않는다. 이와 같이 빠르게 변하기 때문에 우리는 변화를 인식하지 못하고, 전체 화면을 볼 수 있다.

좀 더 섬세한 색상 표현을 위해 빨강색용, 초록색용, 파랑색용 전자총을 각각 두며, 각 전자총에서 나오는 전자빔은 담당한 색깔만을 빛나게 한다. 화면에서의 검정색은 전자빔에서 전자가 나오지 않는 상황으로 TV가 꺼진 것과 같은 상태다. 브라운관은 텔레비전 외에도 파형 관측용의 오실로스코프(oscilloscope), 레이더에 사용되는 레이더관, 컴퓨터의 단말기로서 높은 해상도를 가지는 표시관 등 다양한 용도로 쓰이고 있다.

LCD, 책상을 넓히다

▲LCD 화면

LCD가 일반화된 것은 1990년 중반부터이다. 커다란 모니터가 차지해서 비좁던 책상은 LCD 모니터로 숨통이 트이게 되었다. LCD는 전자 시계, 전자계산기, 액정 TV, 노트북 PC, 자동차, 항공기 속도표시판, 운행시스템 등에 폭넓게 사용되고 있다.

'액정화면'이라고도 부르는 이 LCD는 두 장의 얇은 유리 기판 사이에 액정을 넣은 것이다. 액정은 액체와 고체 사이의 중간 상태로 액체와 같이 유동성이 있으면서 고체 결정과 같이 규칙적인 구조를 갖는 물질이다. 따라서 두 유리 기판에 서로 다른 전압을 가하면 액정 분자의 배열이 바뀌고, 이에 따라 명암이 생겨 숫자나 영상이 나타나게 된다.

브라운관은 전자총에서 나온 전자빔이 형광물질과 부딪혀 빛을 발생시키지만, LCD에서는 후광(Back light)의 빛을 액정물질이 통과시키는 정도에 따라 빛과 색이 결정된다. 뒤에서 나오는 빛은 일정한 방향으로 편광되어 있는데, 이 빛은 편광 방향에 수직인 필터를 만나면 통과하지 못하고, 나란한 방향의 필터를 만나는 경우에만 통과한다. LCD에서 액정 소자 배열은 전기장에 의해 방향이 바뀌게 되는데, 이 경우 특정 방향으로 편광된 빛을 선택적으로 통과시킨다. 이런 과정을 통하여 LCD는 명암을 나타내고, 영상을 나타내는 것이다.

10♠ LCD란?

LCD는 Liquid Crystal Display의 약어이다. 1888년 오스트리아의 라이니처(F. Reinitzer)에 의해 처음 발견된 액정은 1968년 미국 RCA사에 의해 디스플레이에 응용됐다. 1973년에 전자계산기, 전자시계에 적용되었고, 1986년 이후 STN LCD와 소형 TFT LCD가 실용화됐다. 1990년대들어 10인치 TFT LCD의 양산화가 실현되면서 노트북 PC의 대표적인 디스플레이로 자리 잡고, 브라운관을 대체하는 디스플레이 중 하나로 각광받고 있다.

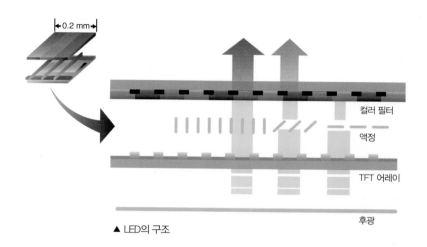

▲ LED의 구조

색상을 표현하기 위해서는 컬러필터라는 것을 사용한다. 필터의 픽셀 단위는 RGB의 3개 서브픽셀로 구성되며, 통상 LCD에서 RGB는 바둑판 구조를 취하고 있다. LCD 모니터에서 화면 해상도는 수평방향으로 표시될 수 있는 픽셀수를 나타내는데, 바로 수평 방향 해상도와 직결된다. 따라서 XGA(1024×768) 해상도급 LCD에서는 총 서브픽셀 수가 '1024×768×3개' 가 된다. 초기에는 LCD는 액정을 넣는 것이어서 대형화면에는 적용하기 어려웠다. 당시엔 만들 수 있는 화면 크기는 20인치 정도가 최대일 것이라 예측했지만 현재 50인치 이상의 LCD까지 만들어내고 있다.

LCD가 브라운관에 비해 좋은 점은 일단 가볍고 얇으며, 매우 밝을 뿐 아니라 화면의 모든 부분이 선명하다는 점이다. LCD는 액정의 상태가 연속적으로 변화하므로 깜박임 현상도 없고 눈의 피로도 덜하다. 단점은 보는 각도에 따라서 화면이 달라 보여 측면에서 보면 명암이 바뀌어 보인다는 것이다.

벽에 거는TV, PDP

▲PDP TV

얼마 전부터 '벽걸이형 텔레비전'이라고도 부르는 PDP가 등장했다.

PDP는 전면 유리와 배면 유리 및 그 사이의 칸막이에 의해 밀폐된 공간에 가스를 넣고 전극에 전압을 가할 때 나오는 네온광을 이용하는 전자표시 장치이다. 이때 기체는 플라즈마 상태가 되는데, 플라즈마란 기체에 높은 에너지를 가해 기체를 충동시킴으로써 기체의 원자와 분자가 완전히 분리되어 양이온과 음이온이 섞여 있는 가스 상태를 말한다. 전기적으로는 중성을 띤다.

PDP는 먼저 두 장의 얇은 유리 기판 사이에 Ne+Ar, Ne+Xe 등의 혼합 가스를 넣고 진공 상태에서 유리 기판의 +극과 −극에 강한 전압을 걸어준다. 그러면 유리 기판 사이의 가스가 플라즈마 상태로 되었다가 다시 안정한 상태로 되돌아가면서 오로라와 같은 빛을 내는데, 이러한 현상을 이용해서 영상을 나타내는 것이다.

PDP는 전극과 유리 기판의 길이만 늘리면 40인치보다 더 큰 화면을 만들 수 있다. 그런데, 현재 LCD 제조기술이 많이 발달하여 LCD도 큰 화면을 만들어내고 있다. 또 PDP의 큰 장점은 응답 속도가 매우 빠르다는 것이다. 그래서 잔상이 거의 없고 대형 화면을 만들기에 LCD보다는 편하다.

▲ PDP 화면

그러나 PDP는 열이 많이 발생하는 단점과 전력소모가 크고, 가격이 비싸다는 단점이 있다. 처음 PDP가 개발되었을 때는 날로 대형화되는 TV 시장에서 가장 유리할 것으로 판단되었다. 그러나 예상과 달리 LCD로 대형화면을 만들어내자 PDP의 구매력은 좀 떨어지게 됐다.

꿈의 디스플레이, OLED

▲ OLED는 LCD보다 훨씬 얇게 만들 수 있다.

OLED는 유기발광다이오드(Organic Light Emitting Diode)를 말하는 것으로 원리는 LED와 비슷하지만, LED의 반도체 대신 유기물질이나 고분자를 사용하는 점이 다르다. LED에는 반도체가 들어가고, 전기를 가하면 전자와 정공이 결합하면서 에너지가 발산되어 빛이 나온다. OLED는 전기를 가하면 스스로 빛을 내는 자체 발광형 유기물질을 사용한다. OLED에서는 반도체 성질을 갖는 유기물이나 고분자를 이용하는데, 이 유기물질을 두 전극 사이에 끼워놓고, 전류를 흘리면 이 물질 자체에서 빛이 발생되는 원리를 이용한 것이다. 이런 것을 '유기 전기 발광'이라고도 한다.

작동 원리를 살펴보면, 전원이 공급되면 전자가 이동하면서 전류가 흐르게 되는데 음극에서는 전자(-)가 발광층으로 이동하고, 양극에서는 정공이 발광층으로 이동하게 된다. 발광층에서 이 전자와 정공이 만나 결합하면 전자의 에너지가 빛으로 발산되는데, 이때, 발광층을 구성하고 있는 유기물질이 어떤 것이냐에 따라 빛의 색깔을 달라지게 된다.

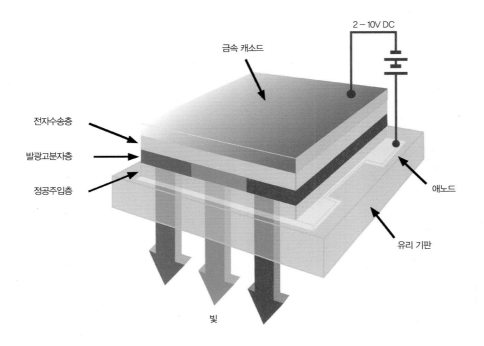

금속 캐소드

2 - 10V DC

전자수송층

발광고분자층

정공주입층

애노드

유리 기판

빛

즉, R, G, B를 내는 각각의 유기물질을 이용하여 천연색을 구현할 수 있는 것이다. 단순히 픽셀을 열고 닫는 기능을 하는 LCD와는 달리 직접 발광하는 유기물을 이용하는 것이어서 반응 속도가 1000배 이상 빠르고 화질도 더 좋으며, 무엇보다 후광이 필요한 LCD보다 더 얇게 만들 수 있다는 장점이 있다. 이미 명함 두께의 OLED가 개발되어 있다. 후광 없이 스스로 빛을 내는 물질을 쓰기 때문에 어느 각도에서 보더라도 선명하게 볼 수 있고 전기 소모도 기존 LCD의 12퍼센트정도만 사용하는 등 여러 면에서 LCD를 대체할 만한 강점이 있다. 하지만 아직 개발 초기 단계여서 가격이 비싼 것이 단점이다. 현재 OLED에 들어가는 여러 가지 고분자 물질이 개발되고 있는데, 이들은 벤젠고리가 많은 것이 특징이다. 일반적인 그림을 그릴 때 사용하는 안료, 물감의 구조 역시 벤젠고리가 여러 개 합쳐진 것이 많다. 어쩌면 OLED는 인간이 새롭게 합성한 새로운 물감과 화폭이라고도 할 수 있겠다.

3. 똑똑한 색, Smart Color

인간들이 만드는 물건들의 색은 대부분 유독 그 색깔일 필요는 없다. 빨간 자동차이건, 은회색 자동차이건 간에, 색깔은 선택 사항이다. 그러나 색을 이용해, 인간의 생활을 편리하게 만든 발명품들이 우리 일상의 미세한 부분까지 물들이고 있다. 대개의 이들 발명품은 빛, 온도, 습도의 변화를 이용한 것이다. 이는 색채 변화의 화학적인 원리를 바탕으로 하여 만든 것이라 할 수 있다.

아주 똑똑한 색깔들

▲ 물의 색이 차가울 때는 푸르게, 뜨거울 때는 붉게 보이는 수도꼭지.

아기에게 이유식을 떠먹일 때 혹시 뜨거운 것에 아기의 입이 델까 걱정하는 이들이 많다. 그런데 숟가락을 꽂기만 해도 적당히 식었는지 알 수 있다면? 아기 목욕물 온도가 적당한지 손을 넣어 휘저어 보지 않아도 된다면? 또 중간에 물이 식었는지도 한눈에 알 수 있는 방법이 있다면?

물론 온도계라는 장치가 있다. 그러나 실제 일상생활에서 온도계 눈금 읽는 사람이 몇이나 될까. 그런데 우리의 고민에 종지부를 찍어줄 해답이 있다. 온도계 눈금을 읽지 않아도 뜨거운지 차가운지, 지금 먹으면 시원할지 미지근할지, 지금 프라이팬에 계란을 깨 넣어도 되는 건지 등을 색깔로 정확히 그것도 한 번에 알려주는 물품들이 그것이다.

가령, '온도계 달린 숟가락'을 들 수 있다. 실제로 온도계가 달린 것은 아니고, 아기들이 편히 먹을 수 있는 온도가 되면 숟가락 끝이 노란색이

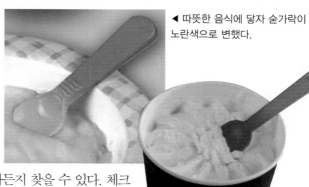

◀ 따뜻한 음식에 닿자 숟가락이
노란색으로 변했다.

▲ 차가운 아이스크림에 닿은
부분은 파란색으로 변했다.

되는 숟가락이다. 비슷한 예는 얼마든지 찾을 수 있다. 체크
표시로 목욕물이 식었는지를 알 수 있는 오리 인형, 적당한 맥
주 온도를 알려주는 맥주 카드, 와인병에 걸어놓으면 마시기에
적당한 온도를 알려주는 와인용 목걸이, 이마에 갖다 대면 체온
이 큰 숫자로 뜨는 온도계 카드, 특정 문양으로 충분히 달궈졌
는지를 알려주는 프라이팬, 따뜻한 커피가 들어오면 컵 색깔이 바뀌는 커피잔 등 다양한 아
이디어 상품들이 많다. 심지어 겨울철 차 앞유리에 부착시켜 놓으면 길이 얼어있는지 아니면
조금 미끄러운 정도인지를 색깔로 알려주는 카드도 있다.

▲ 온도에 따라 본체의 색이 변하는 다리미.
빨간색이 가장 뜨겁고 그 다음으로 보라색, 초록색,
파란색 순이다.

빛을 받으면 색이 변하다

시온안료가 온도에 따라 색이 변하는 것과 유사하게, 빛을 받을 때 색이 변화하는 것도 있다. 광감응 색소가 그것이다. 이 물질은 자외선에 의해 물질의 분자구조나 배열이 바뀌고, 그에 따라 색도 바뀐다.

이 광감응 색소를 이용한 예로는 햇빛이 강렬할 때는 선글라스가 되고, 터널이나 실내에서는 그냥 안경으로 변화하는 선글라스가 있다. 광감응 색소를 안경에 발라 실내에서는 투명하지만, 자외선이 강한 바깥으로 나가면 어둡게 변하도록 한 것이다.

이외에도 자외선 정도를 알려주는 카드, 실내와 실외에서 무늬가 바뀌는 셔츠, 빛을 받으면 독특한 색으로 변하는 유리목걸이, 귀걸이 등의 예를 찾을 수 있다.

우리나라에서는 빛에 따라 색상 자체가 변하는 매직셔츠가 나온 적이 있다. 국내의 한 중소

▲ 일반 백색광에서는 무색, 자외선에서는 독특한 색을 내는 유리

▲ 광감응 선글라스

기업이 햇빛에 노출되면 다른 색상으로 변했다가 실내로 들어오면 원래 색상으로 돌아오는 셔츠를 개발, 특허를 냈다. 이 셔츠는 어두운 곳에서 빛을 내는 야광효과도 있었다.

추울 때 검은 색으로 변해 따뜻한 느낌을 주고, 더울 때 하얀 색으로 변해 시원한 느낌을 주는 옷도 등장했다. 이런 광감응 색소는 전투복 등에 사용되면 이용 가치가 매우 높아질 수 있다. 만일 주위의 색, 즉 반사광을 받아 옷 색깔이 주변과 비슷하게 변한다면 매우 효과적으로 위장할 수 있기 때문이다. 일종의 첨단 군수품이라 할 수 있다.

광감응 티셔츠 ▶

안   밖

온도에 따라 변하는 색

▲ 열변색 머그컵

▲ 일부 맥주는 맥주 마시기에 좋은 온도가
되면 위의 마크가 나타난다.

그러면 어떻게 이들 아이디어 제품들은 온도에 따라 색채가 달라지는 것일까? 답은 멀리 있지 않다. 이것은 열에 반응하는 물질 때문이다. 온도에 따라 색깔이 변하는 물질은 '서모컬러(thermocolor)', '시온(示溫)안료', '측온안료'라 불린다. 말 그대로 온도가 보인다는 뜻이다. 카멜레온처럼 색이 변한다고 해서 '카멜레온 잉크'라고도 한다. 원리는 간단하다. 온도가 달라지면서 물질을 이루는 분자구조가 바뀌고, 이에 따라 색깔이 달라지는 것이다.

모든 물질은 분자로 이루어져 있고, 물질에 따라 빨주노초파남보 가시광선 중에서 특정한 파장의 빛은 흡수하고 나머지는 반사하여 색을 나타낸다. 흡수되는 빛은 분자 안에 있는 전자들의 에너지를 높이는 데 사용된다. 만일 분자의 구조가 변하지 않는다면 분자 내의 전자 분포도 그대로이고, 흡수 반사하는 빛의 파장도 그대로여서, 물질의 색은 변하지 않고 항상 그대로일 것이다. 그러나 분자의 구조가 변화한다면 전자 분포가 바뀌면서 흡수, 반사하는 빛의 종류가 달라지고, 반사되는 빛이 달라지면 물질은 우리 눈에 다른 색으로 보일 것이다. 분자의 구조가 바뀌는 원인은 다양하다. 온도가 달라지거나, 강한 빛을 받거나, 물 분자가 결합하거나, 주변 수소이온 농도(산성도)가 바뀌거나 등이 원인이 된다. 그중에서 온도에 따라 분자 구조가 바뀌는 것이 시온안료인 것이다.

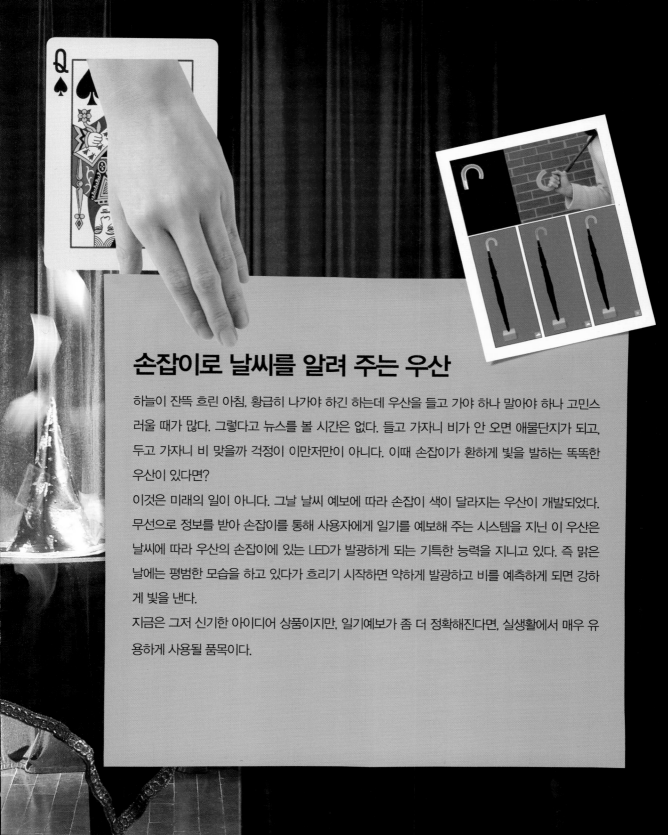

손잡이로 날씨를 알려 주는 우산

하늘이 잔뜩 흐린 아침. 황급히 나가야 하긴 하는데 우산을 들고 가야 하나 말아야 하나 고민스러울 때가 많다. 그렇다고 뉴스를 볼 시간은 없다. 들고 가자니 비가 안 오면 애물단지가 되고, 두고 가자니 비 맞을까 걱정이 이만저만이 아니다. 이때 손잡이가 환하게 빛을 발하는 똑똑한 우산이 있다면?

이것은 미래의 일이 아니다. 그날 날씨 예보에 따라 손잡이 색이 달라지는 우산이 개발되었다. 무선으로 정보를 받아 손잡이를 통해 사용자에게 일기를 예보해 주는 시스템을 지닌 이 우산은 날씨에 따라 우산의 손잡이에 있는 LED가 발광하게 되는 기특한 능력을 지니고 있다. 즉 맑은 날에는 평범한 모습을 하고 있다가 흐리기 시작하면 약하게 발광하고 비를 예측하게 되면 강하게 빛을 낸다.

지금은 그저 신기한 아이디어 상품이지만, 일기예보가 좀 더 정확해진다면, 실생활에서 매우 유용하게 사용될 품목이다.

습도가 색으로 보인다

습도가 높을 때는 분홍색이고, 습도가 낮을 때는 파랑색인 염화코발트의 속성을 이용한 똑똑한 제품도 있다. 가령, 국내 모 회사의 '물 먹는 하마'는 어느 정도 사용하다 보면 "교체해주세요"라는 표시가 글씨로 나타난다. 파란색 포장지 전면에 분홍색 글씨가 나오는 것이다. 파란색 염화코발트 글씨로 써진 문구가 습기가 높아지자 보이게 되는 현상이다. 염화코발트가 이용된 대표적인 제품 가운데 하나다. 과자 봉지나 김 봉지 안에 들어 있는 습기제거제 실리카겔도 대표적인 사례이다. 흰색의 실리카겔 알갱이 사이사이에 파란색 알갱이가 섞여 있는데, 이 실리카겔 봉지를 냉장고에 하루 정도 두면 파란 알갱이가 분홍색으로 변하는 것을 볼 수 있다. 물기에 반응한 것이다.

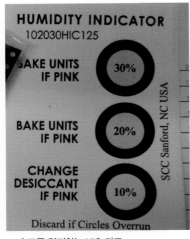

▲ 습도를 감지하는 HIC 카드

염화코발트($CoCl_2$)는 완전히 탈수가 되었을 경우에는 파란색을 띠며, 물 분자가 2개 붙으면($CoCl_2+2H_2O$) 자주색을, 물 분자가 6개 붙으면 ($CoCl_2+6H_2O$) 핑크색을 띤다. 즉 염화코발트는 일종의 습도 신호등이다.

이같은 염화코발트의 성질을 이용해서 습도를 감지하는 센서를 만들기도 한다. 분홍색이 진해질수록 습도가 높은 것이다. 이런 카드를 HIC(Humidity Indicator Card)라고 한다.

그런데 최근에는 염화코발트가 발암물질임이 알려지면서 유럽 등지에서는 염화코발트 사용을 제한하고 있다. 요즘에는 염화코발트보다 안전한 페놀프탈레인을 섞는다. 페놀프탈레인이 들어간 실리카겔은 물기를 먹으면 노란색으로 변한다. 노란색의 진한 정도로 습기를 감지하는 것이다. HIC 카드도 요즘은 코발트가 없는 것(Cobalt Free HIC)이 개발되고 있다.

습도지시 카드는 습기에 민감한 반도체 칩, PCB(인쇄회로기판) 및 정밀전자기기 등을 포장할 때 제품과 함께 넣어 유통과정에서의 제품 안전성 여부를 판단하게 해 준다.

녹이 슬면 색이 변한다

▲ 페놀프탈레인 용액

▲ 리트머스 페인트

만일 내가 있는 건물 벽 속의 철근이 녹이 슬었다면? 지금 건너고 있는 다리의 철근이 녹슬어 갑자기 우당탕 내려앉기라도 한다면? 생각만 해도 아찔한 일이다.

매번 다리나 건물 전체를 비파괴검사 등 복잡한 과정을 사용하여 내부에 결함이 생기지 않았는지 녹이 슬지는 않았는지 검사해 볼 수는 없다.

다행히도 콘크리트 속 철근이 녹이 슬었는지 보다 쉽게 알 수 있는 방법이 있다. 이른바 리트머스 페인트라 불리는 제품을 사용하는 것이다. 이 리트머스 페인트는 페인트 색깔 변화로 녹슨 정도를 알린다. 다리의 철골 구조물에 리트머스 페인트를 발라 놓으면, 녹이 슬었을 때 페인트 색깔이 빨갛게 변해 위험 신호를 보낸다.

색이 변하는 과정은 다음과 같다. 녹이 슨다는 것은 철이 산화하는 것이다. 철은 산소와 물이 있을 때 녹이 슬게 되는데, 이 과정에서 수산화이온(OH^-) 때문에 그 주변은 염기성으로 변한다.

녹이 슬 때, 주변의 pH가 높아지는 것에 착안하여 pH에 따라 색이 변하는 지시약을 페인트에 섞은 것이 리트머스 페인트이다. 페놀프탈레인은 pH가 높아지면 무색에서 붉은색으로 변하는 것으로 매우 일반적인 지시약인데, 이것을 페인트와 섞는 것이다.

철골에 이런 페인트가 섞인 코팅을 해놓은 뒤에 페인트 색이 붉게 변한 것을 보게 된다면, 녹이 슬어 구조물이 약해지고 있다고 판단해도 된다.

얍! 실험 나와라!

염화코발트 용액을 이용한 놀이

염화코발트 용액을 이용하면 재미난 그림 놀이를 할 수 있다. 염화코발트
용액을 묻힌 종이는 습기에 따라 색상이 변하기 때문이다.

준비물
흰 종이, 염화코발트 용액 (알코올 램프 혹은 드라이기)

실험방법

1 흰 종이에 글씨를 쓴다.
2 종이를 알코올 램프로 가열해 습
기를 말린다.

© 전희영

실험 결과
염화코발트 용액으로 글씨를 써서
열을 가해 물기를 말리면 염화코
발트 용액으로 글씨를 쓴 부분은
파란색이 된다.

주의! 염화코발트 용액은 독성이 있어서 손으로 직접 만지면 안된다.

4. 마음을 움직이는 색, Hearted Color

무슨 색이냐에 따라 기분이 마냥 좋아지기도 하고, 뜻하지 않게 물건을 충동 구매할 때가 있지 않은가? 색을 전문적으로 다루는 컬러리스트가 새로운 직업으로 나타나고, '컬러 마케팅'까지 등장하는 것을 보면, 색이 마음을 움직이는 중요한 요소 가운데 하나인 것만은 분명해 보인다. 최근 치료의 한 방법으로 얘기되고 있는 색 치료는 색이 마음을 치유할 수 있다는 점을 근거로 하고 있다. 그러면 이제 색깔에 따라 어떻게 인간의 마음이 달라지는지 한번 들여다보자.

인간은 색에 민감하다

▲ 다양한 호텔의 조명

인간의 마음은 색에 영향을 받는다. 파란색의 경우 사람을 차분하게 하는 효과가 있는 반면 식욕은 감소시키고 빨간색 계열은 사람을 적극적으로 행동하게 하고, 흥분하게 만들며, 음식은 더 맛있어 보이게 한다. 분홍색, 핑크색은 자궁 내부의 색이어서 사람에게 편안함과 안정감을 준다고 한다. 같은 맥락에서 칠판이 늘 초록색인 이유는, 초록색이 심리적으로 안정감을 주면서 스트레스를 감소시키고, 집중력을 높여주는 효과가 있기 때문이다.

근래에 침실 조명을 바꿔 심리적 안정을 높이는 호텔의 전략이나, 욕조안의 조명을 변화시켜 심신의 피로를 풀게 하는 특허 상품, 다양한 색상의 안경 등은 모두 색 치료 아이디어라 할 수 있다. 실제로 색을 의학적인 치료에 쓰인 예도 있다. 다음의 사례는 색의 영향을 받는 인간의 마음을 잘 보여주고 있다.

실험 1. 똑같은 음식을 한쪽 상에는 주황색 계열의 그릇에 담고, 한쪽 상에는 파란색 계열의 그릇에 담아 사람들이 먹는 양과 모습을 관찰한다.

결과 : 주황색 그릇이 있는 상에 앉은 사람들은 맛있게, 그리고 많이 먹지만, 파란색 그릇이 있는 상에 앉은 사람들은 천천히, 그리고 적당히 먹는다. 실험 대상이었던 이들의 대부분이 "파란색 그릇에 담긴 음식들이 맛있어 보이지 않아 평소보다 많이 먹지 않았다"라고 답했다.

실험 2. 교도소 안에서 죄수 간의 다툼이 끊이지 않아 고민 끝에 회색이던 교도소의 벽 색깔을 핑크색으로 바꾸었다.

결과 : 교도소 내 폭력사고가 눈에 띄게 줄고, 벽이 더러워지는 일도 없어졌다.

영국의 의학잡지 〈브리티시 메디칼 저널〉지는 최근 네덜란드 암스테르담 의대 팀의 연구 결과를 인용, 정신과 치료용 알약은 색깔별로 효능에 다른 영향을 미친다고 발표했다. 즉, 빨강이나 노랑 등 장파장 색깔로 코팅된 알약은 흥분 효과를 나타내며 파랑이나 녹색 등 단파장 색깔의 알약은 진정 효과를 지닌다는 것이다. 따라서 수면제나 진정제의 경우 파랑이나 녹색 알약으로, 우울증 치료제는 빨간색 알약으로 제조해야 한다는 것이다.

마음을 치료하는 색

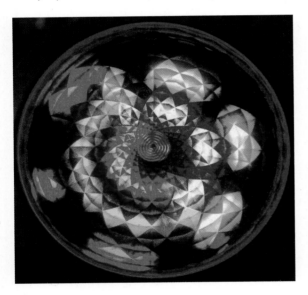

색이란 것은 그 자체가 파동과 진동수가 있는 에너지이므로, 각 색마다 고유의 에너지로 사람에게 영향을 주며 이것은 적외선 치료처럼 의학적으로 실제적인 치료 효과가 있다고 한다.

이처럼 색을 이용하여 사람의 심신을 조화롭게 만들어 가는 것을 '컬러 테라피', 또는 '색 치료'라고 한다. 그림을 직접 그려 심리적 갈등을 해소하게 하는 미술 치료와 달리, 색 치료는 환자가 색채의 파동과 에너지를 수용하게 하여 치료에 사용한다. 또는 특정한 색으로 그림을 그려 정서적 안정에 도움이 되게 한다.

이러한 색 치료의 역사는 꽤나 깊어 기원전으로 거슬러 올라가야 한다. 태양을 숭배했던 고대 이집트에서는 태양의 색을 질병 치료에 이용했다. 서기 1세기, 아우렐리우스 코넬리우스 셀수스라는 사람은 여러 가지 색의 꽃과 검정, 녹색, 빨강, 흰색의 약을 처방하였는데, 특히 빨간색 약이 환자의 상처를 빨리 아물게 한다고 기록했다.

이후 색 치료는 1947년, 미국의 여성교육자 알 슈우라와 하트 위크가 〈Painting and personality〉라는 보고서를 발표하면서 색채심리 연구의 기초가 세워졌다. 현대 의학에서는 색의 직접적인 치료 효과에는 의문을 가지지만, 심리적인 요인에 미치는 영향은 인정하는 편이다.

치매 노인에게 색 치료, 미술 치료가 효과가 있다는 보고도 많이 이뤄지고 있다. 치매 초기인 할머니에게 색을 선택하게 하고, 그것으로 그림을 그리고, 바라보게 하는 치료를 거듭하니, 점차 색상이 밝아지고, 다양해지고 그림의 내용도 구체적으로 바뀌며 치매 증상도 호전되었다는 것이다. 왕따를 겪는 아이들을 대상으로 이뤄진 방과후 색 치료의 경우, 많은 아이들이 그 과정 속에서 자신감을 찾고 적극적으로 바뀌는 것이 발견되었다.

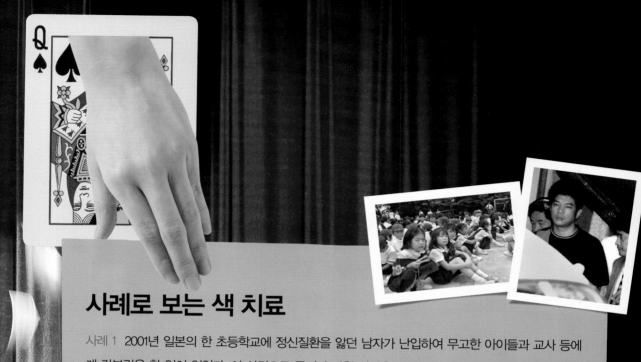

사례로 보는 색 치료

사례 1　2001년 일본의 한 초등학교에 정신질환을 앓던 남자가 난입하여 무고한 아이들과 교사 등에게 칼부림을 한 일이 있었다. 이 사건으로 죽거나 다친 사람은 무려 29명이었다. 그런데 문제는 사건 이후에 일어났다. 남자가 칼을 휘두르는 장면을 목격한 많은 어린아이들이 심각한 후유증을 앓게 된 것이다. 저녁식사 준비를 위해 부엌에서 칼을 든 엄마를 그 남자로 생각하고 히스테리한 반응을 보이는 아이도 있었고, 말수가 부쩍 줄고 우울증을 겪는 아이들도 많았다. 이에 학교에서는 색 치료 전문가를 초빙, 단체로 치료에 들어갔다.

처음 아이들은 마음대로 색을 골라 벽에 손으로 그림을 그리게 했다. 10분도 안 돼서 아이들은 흰 벽을 까맣게 칠해 버렸다. 주로 사용한 색은 피를 연상하듯 빨강과 심각한 우울 상태를 나타내는 검정이었다. 하지만, 다양한 색을 접하게 하고, 그림을 그리는 행위로 감정을 발산하게 하자, 아이들은 점차 다양한 색, 밝은 색을 사용했고, 우울증 등 사고 후유증도 치유되었다.

사례 2　미국 캘리포니아주 산 버나디노에 있는 어린이 교육연구소는 성격이 난폭한 아이들을 가로 세로 1~2미터 크기의 핑크색 방안에 수용한 결과 이들 모두가 곧 조용해지고 10분만에 잠을 자기 시작했다고 보고했다. 이러한 연구 결과는 곧 여러 학자들의 호응을 얻었고 건물 안 실내의 색채가 인간의 행동과 관련이 있음을 인식하게 했다. 최소한 핑크색이 인간의 성격을 조용하게 만든다는 데 의견의 일치를 본 것이다.

새로운 직업, 컬러리스트

색이 이렇듯 인간에게 미치는 영향이 뚜렷하니 색을 이용한 마케팅이나 비즈니스가 많아져 새로운 직업도 생겨났다. 이른바 '컬러 컨설턴트' 또는 '컬러리스트'라고도 하는데, 이들은 색이 관련된 사업에 참여하여, 인간이 색깔을 넣는 모든 분야에서 가장 생산적이고 효과적인 색을 사용하여 매출을 극대화시키도록 한다. 사업 분야는 단순히 패션 의류뿐만 아니라 화장품, 광고, 전단지, 포장지, 벽지, 페인트, 차량 도색, 아파트 벽면 등 산업 활동의 거의 모든 부문이기 때문에 컬러리스트는 이 모든 분야의 색채를 책임지고 있다.

이들은 상품에 가장 잘 맞는 색을 선정하기 위해 소비자 선호도, 최근 유행이나 추세 등을 조사하고 이른바 히트치는 상품을 만드는 것을 목표로 한다.

돈 버는 색, 컬러 마케팅

▲ 일본에서 출시되어 큰 인기를 누렸던 20가지 색상의 핸드폰.

최근 일본의 한 핸드폰 회사가 색으로 크게 성공했다. 만년 매출 업계 3위였던 소프트뱅크라는 핸드폰 회사가 20가지 색상으로 핸드폰을 만들어 한 달 만에 업계 2위로 자리매김한 것이다. 굉장히 간단한 아이디어이지만 겨우 서너 가지 색의 핸드폰 중에서 선택을 강요받던 소비자로서는 색을 선택할 수 있는 폭이 넓어졌고, 자신을 색으로 표현할 수 있었기에 그 반응은 폭발적이었다.

우리나라의 모 휴대폰 브랜드도 비슷한 상품을 출시한 바 있다. 하나의 모델에 14가지 각기 다른 색상을 입혀 본격적인 '컬러 마케팅'에 나선 것이다. 자신만의 색으로 개성을 드러내고 싶어 하는 젊은 세대를 겨냥해 버블핑크(Bubble Pink), 민트(Mint), 마린(Marine), 써니오렌지(Sunny Orange), 마젠타(Magenta) 등 기존 휴대폰에서는 볼 수 없던 밝고 경쾌한 색상을 적용하였다. 이 제품은 연령과 성별을 감안해 선정한 20여 색상 중 광범위한 소비자 조사를 통해 높은 점수를 얻은 14가지 색상을 선정하였다고 한다. 색의 변화를 통해 구매욕을 불러일으키게 한 단적인 사례들이라 할 수 있다. 휴대폰 외에 다른 가전제품들도 컬러 마케팅에 나선 것도 같은 이유에서이다. 카메라, 냉장고, 에어컨, 세탁기 등에 다양한 색을 넣어 소비자의 감성을 자극하는 것이다. 컬러리스트의 활동 분야가 더욱더 넓어질 것이라 예측하는 것은 어렵지 않다.

[사진출처]

약칭 : fl-www.flickr.com ; wiki-www.wikipedia.org

13쪽 'Cheminée d'aération' ⓒ Martin Isaac (fl) / 46쪽 치자 ⓒ 보드기, http://blog.empas.com/indolko / 47쪽 (위 왼쪽) ⓒ KENPEI (wiki), http://commons.wikimedia.org/wiki/File:Gardenia_ jasminoides_cv1.jpg / 48쪽 (왼쪽) 'Cochineal dyed wools and silks' ⓒ Knitting Iris (fl), (오른쪽) 'Cactus With Cochineal' ⓒ willowD (fl) / 49쪽 (아래) 오배자 ⓒ 난나라, www.nannara.com / 50쪽 'Synthetische Farbstoffe Deutsches Museum' ⓒ J Brew, http://www.flickr.com/photos/brewbooks / 55쪽 'GLOW!' ⓒ Talkingsun (fl) / 61쪽 'cochineal dyepot' ⓒ mightcouldpress (fl) / 66쪽 ~67쪽 ⓒ Minneapolis Institute of Arts, www.artsmia.org / 72쪽 가시달팽이, http://en.wikipedia.org/wiki/File:Murex_sp.jpg (wiki) / 83쪽 (위 왼쪽) 'Burma Free' ⓒ Essjay is happy in NZ (fl), (위 오른쪽) 'Looking down: Today I am Dorothy from the Wizard of Oz ;-)' ⓒ Lowry Lou (fl), (아래 왼쪽) 'Post Box/Mail Box. Winckley Square, North-Side' ⓒ JohnnyEnglish (fl), (아래 오른쪽) 'Singapore Red House' ⓒ swisscan (fl) / 88쪽 'Red yarn_r 1:366' ⓒ MiniLaura (fl) / 99쪽 (위) 'Blue mosaic' ⓒ fhuell (fl), (아래 왼쪽) 'Intense blue' ⓒ Joep de Graaff (fl) / 99쪽 (아래 오른쪽) 'Blue Pots with Pansies' ⓒ sunshinesyrie (fl) / 101쪽 'PICT1579' ⓒ Sheila Tang (fl) / 104쪽 (아래) 'Indigo Jar' ⓒ anahitox (fl) / 107쪽 http://eco-lab.co.kr/dyeing /indigo%20dyeing/indigo%20dyeing.htm, (아래) 쪽염색 ⓒ 김해성, http://enews.gwangju.go.kr / 111쪽 (위 왼쪽) 'Color coordination' ⓒ Octoferret (fl), (위 오른쪽) 'Yellow Umbrellas' ⓒ Rendiru, (아래 왼쪽) 'cloth of gold' ⓒ Foot Slogger (fl) / 113쪽 (위) 'Layers' ⓒ djwhelan (fl) / 119쪽 ⓒ Grand illusions, www.grand-illusions.com / 121쪽 (위 왼쪽) 'Krakow-couple of Sisters' ⓒ little FIRE (fl), (아래 왼쪽) 'Black houses in Marken' ⓒ Hans Bouman (fl), (아래 오른쪽) 'Op-Art-Ausstellung/Op-Art-Exhibition-Frankfurt 2007' ⓒ amras_de (fl) /124쪽 'black yarn' ⓒ Dyeing Arts Tara (fl) / 125쪽 오배자 ⓒ 난나라, www.nannara.com / 133쪽 'Lip' ⓒ Mineral Magic (fl) / 137쪽 'O2 World' ⓒ moritzwade (fl) / 139쪽 'LED Book Lights' ⓒ ideonexus (fl) / 141쪽 'Throwies' ⓒ sandstep (fl) / 143쪽 'led' ⓒ Vanderlin (fl) / 147쪽 (위 오른쪽) 'TriCaster mouse' ⓒ ryaninc (fl), (위 중간) '20080527_17-44-19' ⓒ JulianBleecker (fl), (아래 왼쪽 위) 'Audi R8 led close up' ⓒ Noshferatu (fl), (아래 왼쪽 아래) 'LED says Wait' ⓒ Robert Holmes (fl), (아래 오른쪽) 'New LED Traffic Lights' ⓒ Chris & Steve (fl) / 149쪽 (위 왼쪽) 'Electric Fountain' ⓒ kateshanley (fl) / (위 오른쪽) 'O2 World Panorama' ⓒ moritzwade (fl) / 154쪽 http://www.progressive-av.com/flat_screens/images/PDP-43MXE1_ANGLE.jpg / 155쪽 ⓒ pioneer / 160쪽 ⓒ James E. Tozour / 164쪽 'Humidity Indicator' ⓒ JulianBleecker (fl) / 165쪽 리트머스 페인트, http://www.jcse.org/Volume2/Paper26/V2p26.html / 167쪽 ⓒ 전화영, http://blog.naver.com/chemijhy.do / 168쪽 ⓒ Nordic hotels, http://www.nordiclighthotel.se / 171쪽 (왼쪽) http://www.antidepressantsfacts.com/Japan.htm, (오른쪽) www.tribuneindia.com/2001/20010611/world.htm / 173쪽 'Pantone Phones' ⓒ 水泳男 (fl)

참고 웹사이트와 참고 문헌

http://webexhibits.org

길라 발라스, 『현대 미술과 색채』, 궁리, 2002 / 김덕록, 『화장과 화장품』, 도서출판 답게, 1997 / 마가레테 브룬스, 『색의 수수께끼』, 세종연구원, 1999 / 빅토리아 핀레이, 『컬러여행』, 아트북스, 2005 / 에바 헬러, 『색의 유혹 - 재미있는 열세가지 색깔이야기』, 예담, 2005 / 쿠와지마 미키·카와구치 유키토, 『뉴턴과 괴테도 풀지 못한 빛과 색의 신비』, 한울림, 2001 / George Burton, John Holman, Gwen Pilling, David Waddington, *Salters advanced chemistry Chemical storylines*, Heinemann Educational Publishers, 1994 / Kurt Nassau, *The Physics and chemistry of colors(the fifteen causes of color)*, John Wiley & Sons, 1983

색, 마술쇼에 빠져 볼까?

ⓒ 김혜경, 현종오 2009

1판 1쇄 | 2009년 3월 23일
1판 5쇄 | 2018년 12월 5일

지 은 이 | 김혜경, 현종오
펴 낸 이 | 김정순
책임편집 | 허영수, 한아름
디 자 인 | 노상용, design 樂
스 토 리 | 염미희
사   진 | 박우진, 키메라스튜디오
일러스트 | 최영진
모   델 | 김민성, 김하연

펴 낸 곳 | (주)북하우스 퍼블리셔스
출판등록 | 1997년 9월 23일 제 406-2003-055호
주   소 | 04043 서울시 마포구 양화로 12길 16-9(서교동 북앤빌딩)
전   화 | 02-3144-3123
팩   스 | 02-3144-3121
전자우편 | henamu@hotmail.com

ISBN 978-89-5605-334-9 03400
        978-89-5605-250-2(세트)
이 도서의 국립중앙도서관 출판시도서목록(CIP)은 e-CIP 홈페이지(http://www.nl.go.kr/cip.php)에서 이용하실 수 있습니다.
(CIP 제어번호 : CIP 2009000809)